ウイルス学者さん、うちの国ヤバいので来てください。

古瀬祐気
感染症専門家・東京大学教授

808
中公新書ラクレ

はじめに――ロックマンになれなくて

僕は「感染症の専門家」という肩書きで紹介されることが多い。これまでに、日本で患者さんの診療をして、フィリピンやアメリカの研究所でウイルス学の研究をして、アフリカで感染症対策の支援をして、そして国内外の行政機関で感染症の流行を抑えるための仕組みづくりに携わってと、立場を変えながら感染症と闘ってきた。特に、エボラウイルス病や新型コロナウイルス感染症の流行時には、専門知識を伝えたりデータを解析したりするなどして、世界保健機関（ＷＨＯ）や日本政府の対策活動をサポートする仕事を行っている。

感染症はありふれた病気だ。かかったことのないひとはいない。子どものときに風邪をひいたのもインフルエンザで学校を休んだのも感染症、牡蠣《かき》にあたっておなかをこわすのも感染症、目の「ものもらい」も感染症だし、足にできる「水虫」だって感染症だ。みんながかかるものだから、大したものじゃないといいのだけれど、そうとは限らない。

アフリカで恐れられているエボラウイルス病の致死率は数十%だ。狂犬病はいまでも世界中のいろいろなところで流行していて、そこで野犬などに咬まれてこの病気にかかってしまうとほぼ100%死んでしまう。HIVに感染したら、エイズへの進行を抑えるために生涯にわたって薬を飲み続けなければならない。完治する方法はいまだに見つかっていない。

病気が世界中にひろがって大流行することをパンデミックという。HIVも新型コロナウイルスもパンデミックとなった病原体の一つだ。1918年にパンデミックを引き起こした当時の新型インフルエンザである「スペイン風邪」は、1億人が犠牲になったとも言われている。歴史を振り返ると、中世のヨーロッパでは黒死病と呼ばれたペストによって人口の半分近くが亡くなったし、8世紀ごろには日本人の30%が天然痘によって命を落とした。まだ医学の発達していなかった当時、ひとびとは奈良の都に大仏を作ることでこの災厄を鎮めようと願った。

そして、2019年に発生した新型コロナウイルス感染症は、その後の3年間で600万を超えるひとの命を奪った。

新型コロナウイルス感染症の流行がはじまってから、日本でもたくさんの専門家が対策に奮闘してきた。そして、そういったひとたちがメディアで取り上げられる機会も増えたので、その存在を少し知ってもらえるようになった。実は、感染症を専門とする仕事の中にもいろいろな形がある。細菌やウイルスが増える仕組みを研究するために実験室で顕微鏡をのぞくひと、鼻水を垂らした子どもを診察して風邪薬を処方するひと、危険なウイルスのいる土地にいって地元のコミュニティのために活動をするひと、大きな組織に所属して国や世界レベルで対策活動全体を指揮するひと。感染症専門家の多くは、こういった領域のどれか一つを究めたひとたちだ。

でも、僕は決めきれなかった。どの仕事もやりがいがありそうだったし、どの仕事をしている専門家もいきいきとしていた。だから、僕は医者も研究者もＷＨＯも、〝全部〟やってみることにした。まぁ、その結果として、何をしているひとなのかよくわからなくなってしまった感があるのは否めない。

「ロックマン」というテレビゲームがある。各ステージで倒したボスの能力を獲得して、その能力を活かしてつぎのステージへと挑むアクションゲームだ。僕のこれまでのキャリアは飛び飛びで、有機的につなげられているのかと問われると疑問符がつく。ロックマンのように、前のステージで得たものを必ずしもつぎのステージで存分に活かせているわけでもない。

日本で身につけた医学の知識や技術で、点滴もレントゲンもない途上国の奥地で病に苦しむひとを救えるのか。アフリカで感染症対策の予算確保に奔走した経験が、数理モデルによる予測の精度を上げるのか。プログラミングの能力があれば、ＰＣＲ検査にかかる時間とコストを削減できるのか。

答えはすべてノーだ。

「10年後にどうなりたいか」。こんな質問を面接などで投げかけられた経験のあるひとは多いだろう。僕は、「好きなことや興味のあることをしていたい。それが何なのか、いまと10年後ではきっと違うのでわからない。でも、それを世の中に役立てる覚悟と自信はある」と答えている。自身のキャリアを振り返ってみると確かにめちゃくちゃだけれど、それでも無駄な遠回りをしてきたとは思っていない。これまでの経験で培った物事の見方や考え方が、いまの自分を築いている。

この本では、ウイルス学者であり感染症専門家である僕が、エボラウイルス病の流行しているアフリカで実際に見てきた景色や、フィリピンやアメリカで研究をしていたときのエピソード、そして日本で新型コロナウイルス感染症対策に関わった経験についてあけっぴろげに書かせてもらった。まぬけな冒険譚として読んでくれてもいいし、ひょっとしたらつぎのパンデミックに活かせるヒントがあるかもしれない。

この文章を書いている２０２３年の5月には、日本で新型コロナウイルス感染症が5類感染症という分類に変わり、ＷＨＯもアメリカ政府も緊急事態の終了を決めた。一区切りついたとも言えるが、新型コロナウイルス感染症はまだまだ重症化や死亡のリスクがそれなりに高い病気だ。５類感染症になったからといって、新型コロナウイルス感染症で亡くなるひとの命の重さが変わるわけでもない。それに、つぎのパンデミックがまたすぐに起きる可能性だってある。

ありきたりなことを言うようだけれど、僕たちは過去に起こった出来事から未来のために学んでいかなければならない。でもまさか、温故知新の「故」に、自分がなるとは思わなかったな。

＊本文の記述は「古瀬祐気の〈〝コロナ専門家〟の回り道〉」（２０２２年4月〜２０２３年3月　m3.com）の連載をもとに加筆修正したものです

目次

第2章　〝中2病〟の医学生・研修医

第3章　全米デビュー

イラスト／木下晋也
地図作成／明昌堂
本文DTP／市川真樹子

ウイルス学者さん、
うちの国ヤバいので来てください。

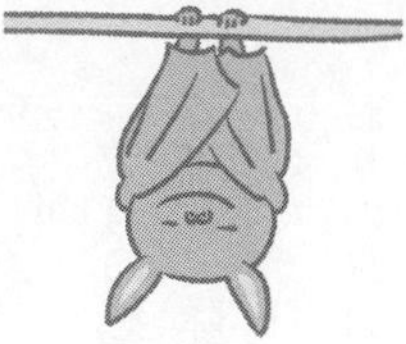

第1章 アフリカでエボラと闘う

リーダー就任

２０１４～２０１５年、以前はエボラ出血熱と呼ばれていた「エボラウイルス病」の大流行が西アフリカで発生した。リベリア・ギニア・シエラレオネの3か国を中心に、約1年半の間に1万人以上の犠牲者を出した史上最悪のウイルス性出血熱の流行だ。このとき流行したザイール株というタイプのエボラウイルスは、感染したときの致死率が70～90％にも達する。感染を恐れた医者が国外へと逃げ出し、さまざまな公共サービスが停止し、道端に遺体が転がる中、僕はそこにいた。

ＷＨＯ感染症コンサルタントとしてリベリアに派遣されていたのだ。

現地に降り立ってオフィスに着くと、まずはオリエンテーションがあった。宿泊先について、日当について、経理など各事務部門の紹介、セキュリティの講習など。ひととおりの説明が終わったあとに、こう告げられた。

「では、最後に君が所属するチームのリーダーを紹介しよう。リーダーは、ええっと（名簿を見ながら）、あ、君だ」

……衝撃だった。依頼されたのは、検査に関するコンサルトを担当してほしい、ということだけ。具体的な業務内容は一切指示されなかった。いろいろなところに顔を出して、名前を覚えて、覚えてもらって、現状を把握して、自分にできることを考えていくのだ。

当時、この西アフリカでのエボラウイルス病大流行に対して世界中の専門家が動員された。それまでにも東南アジアなどで感染症対策の仕事に携わり、日本で医師免許を取得し、アメリカでウイルス学の研究を行っていた僕にも、WHOから声がかかった。エボラウイルス病に関する知識が特段深いわけで

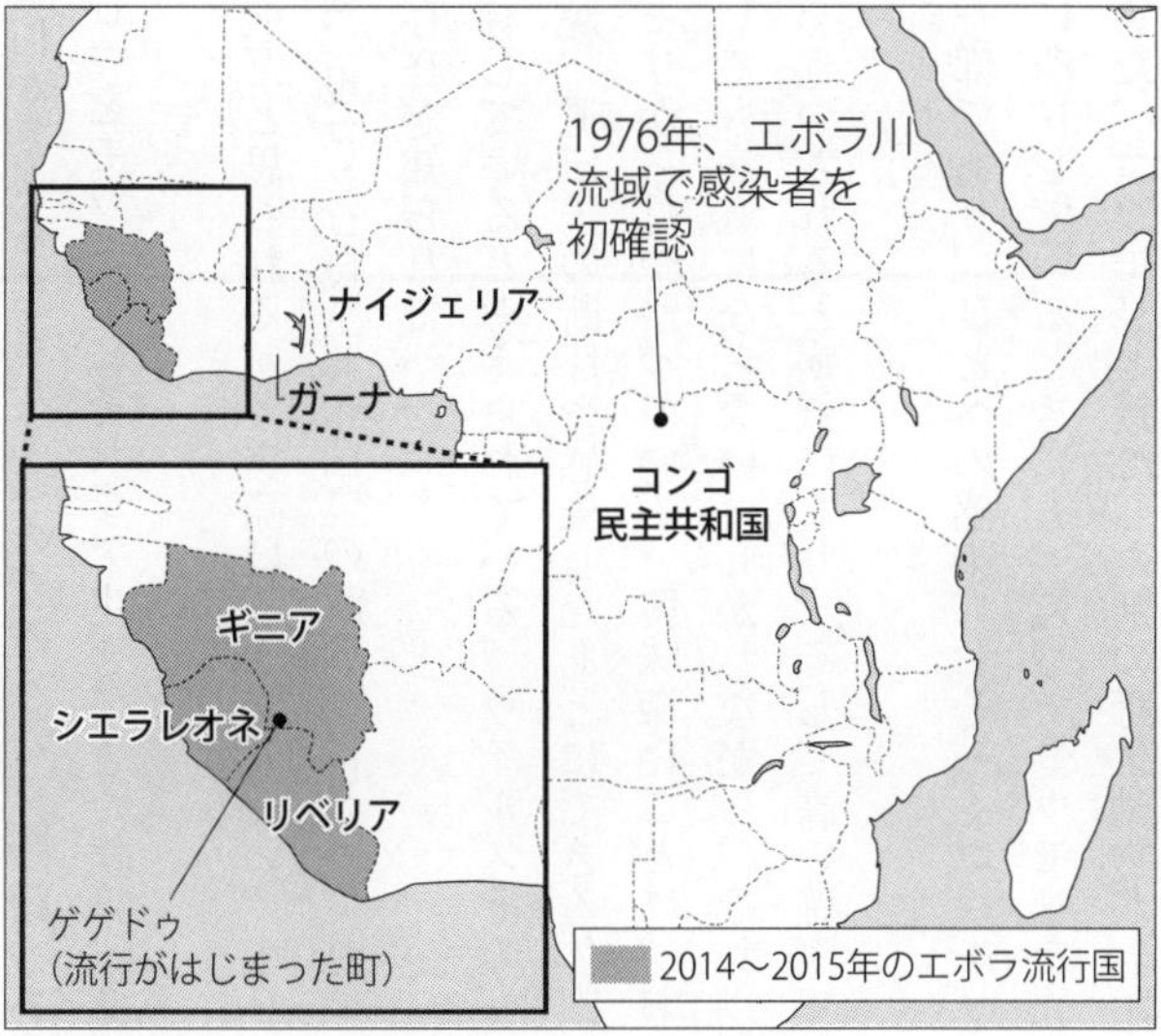

もなく、自分が流行地に赴いて果たして何かできることがあるのだろうかと躊躇《ちゅうちょ》もあったが、「迷ったら変化のあるほうに進む」をモットーにそれまで生きてきた僕は、意を決してリベリアに渡った。

エボラウイルス病は、よく新しい感染症だと思われるが、実際はそうでもない。1976年にエボラ川（当時はザイール共和国、現コンゴ民主共和国）の流域ではじめて見つかったウイルスで、比較的古くからその存在が知られていた。

このウイルスは、普段はコウモリが保有していると考えられている。ウイルスそのものがコウモリから見つかったことはないが、遺伝子の断片や感染したあとにできる体内の免疫反応といった間接的な証拠がコウモリから見つかっている。興味深いことに、おそらくコウモリはエボラウイルスに感染しても病気にならない。しかしながら、それ以外の動物がコウモリからエボラウイルスをうつされると病気になり、そして高い確率で死に至る。

アフリカではコウモリを食べる風習が一部であり、ひとへの感染もおそらくコウモリに接触することで起こる。僕がアフリカに滞在しているときにも、道端でコウモリを売っている猟師たちをたびたび見かけた。また、コウモリと接触した別の野生動物がエボラウイルスに感染していることもあり、そういった動物と接触することでもひとへのウイルス伝播《でんぱ》が起こる。特に、調理をする際に血液や生の肉に触れてしまうことが危険なのだろうと考えられている。

現地で聞いた話だが、一部の村では「サルを調理するときは、捌《さば》く前に、まず生きたまま茹《ゆ》でて殺さなければならない」とか、「高熱がつづく病人がでたら、森の中に連れて行って置いて帰る。そこから自力で帰れるまでに快復しなければ村に入れない」といった風習があるそうだ。動物からうつってしまう病気があり、そして村全体に被害を及ぼすような危険な「何か」がいることを、昔から経験的に知っていたのかもしれない。

エボラウイルスがひとからひとに感染する効率は、新型コロナウイルスや麻疹《はしか》のウイルスに比べるとずっと低い。しかしながら、医療の現場や家庭内、さらには性的パートナーの間などで血液や体液に触れるような接触があると感染伝播が起こる。エボラウイルス病にかかっているひとは出血しやすくなるため、歯ぐきから血が出たり、便に血が混ざったりすることがある。一緒に住むひとや医療従事者が患者を看病しているときにこれらに触れると、感染してしまうかもしれないのだ。

さて、エボラウイルス病の大流行が起きたとき、コウモリなど野生動物からのウイルス流入が繰り返し起きているのか、それとも病人の血液や体液を介してひとからひとへの感染が持続的に起こっているのかをまずは見極めなければならない。それによって、対策が変わってくるからだ。前者であれば野生動物との接触を避けるように伝える啓蒙《けいもう》活動が必要だし、後者であればひとからひとへの感染が起こるようなリスクの高い行動を控えるように介入することが求められる。

「頻繁な野生動物からの流入」か「ひとの間での持続的なウイルス伝播」かは、エボラウイルスのゲノムを解読することである程度目星をつけることができる。流行時の緊迫した状況の中で、アメリカから来た研究者や現地の医療従事者たちが協力して患者さんの血液からウイルスの遺伝子を抽出しゲノム解析を行った。解析をしてみたところ、後者であることがわかった。この結果は論文としてまとめられ、世界中に共有された。論文を読んでみると、そこには学術的な内容に加えて著者リストにも驚くべきことが書かれていた。

はじめのページには論文の作成に貢献した多くの研究者や医療従事者の名前が記載されており、さらにそれぞれの所属を指し示すための記号が並んでいた。そして、その中に5人、横に「‡」という記号が添えられている名前があった。彼らは、この研究の過

VIRAL EVOLUTION

Genomic surveillance elucidates Ebola virus origin and transmission during the 2014 outbreak

Stephen K. Gire,[1,2]* Augustine Goba,[3]*† Kristian G. Andersen,[1,2]*† Rachel S. G. Sealfon,[2,4]* Daniel J. Park,[2]* Lansana Kanneh,[3] Simbirie Jalloh,[3] Mambu Momoh,[3,5] Mohamed Fullah,[3,5]‡ Gytis Dudas,[6] Shirlee Wohl,[1,2,7] Lina M. Moses,[8] Nathan L. Yozwiak,[1,2] Sarah Winnicki,[1,2] Christian B. Matranga,[2] Christine M. Malboeuf,[2] James Qu,[2] Adrianne D. Gladden,[2] Stephen F. Schaffner,[1,2] Xiao Yang,[2] Pan-Pan Jiang,[1,2] Mahan Nekoui,[1,2] Andres Colubri,[1] Moinya Ruth Coomber,[3] Mbalu Fonnie,[3]‡ Alex Moigboi,[3]‡ Michael Gbakie,[3] Fatima K. Kamara,[3] Veronica Tucker,[3] Edwin Konuwa,[3] Sidiki Saffa,[3]‡ Josephine Sellu,[3] Abdul Azziz Jalloh,[3] Alice Kovoma,[3]‡ James Koninga,[3] Ibrahim Mustapha,[3] Kandeh Kargbo,[3] Momoh Foday,[3] Mohamed Yillah,[3] Franklyn Kanneh,[3] Willie Robert,[3] James L. B. Massally,[3] Sinéad B. Chapman,[2] James Bochicchio,[2] Cheryl Murphy,[2] Chad Nusbaum,[2] Sarah Young,[2] Bruce W. Birren,[2] Donald S. Grant,[3] John S. Scheiffelin,[8] Eric S. Lander,[2,7,9] Christian Happi,[10] Sahr M. Gevao,[11] Andreas Gnirke,[2]§ Andrew Rambaut,[6,12,13]§ Robert F. Garry,[8]§ S. Humarr Khan,[3]‡§ Pardis C. Sabeti[1,2]†§

In its largest outbreak, Ebola virus disease is spreading through Guinea, Liberia, Sierra Leone, and Nigeria. We sequenced 99 Ebola virus genomes from 78 patients in Sierra Leone to ~2000× coverage. We observed a rapid accumulation of interhost and intrahost genetic variation, allowing us to characterize patterns of viral transmission over the initial weeks of the epidemic. This West African variant likely diverged from central African lineages around 2004, crossed from Guinea to Sierra Leone in May 2014, and has exhibited sustained human-to-human transmission subsequently, with no evidence of additional zoonotic sources. Because many of the mutations alter protein sequences and other biologically meaningful targets, they should be monitored for impact on diagnostics, vaccines, and therapies critical to outbreak response.

このアウトブレイクがひとからひとへの感染でひろがったことを突きとめた論文の著者リスト。研究の過程で亡くなった医療者５人の名前も載っている

程でウイルスに感染して命を落としてしまったひとたちだ。

これ以外にも、最前線で診療にあたった現地の医療従事者への感染は少なくなかった。医療従事者であっても手洗いの仕方とか防護服の着方といった感染防御の知識が十分でないことがあったし、ときには注射針が使いまわされている現場を目撃したこともある。僕が派遣されたリベリアではないが、隣国のギニアでは、地元の過激派集団が病院を襲撃した際に居合わせたWHOスタッフも亡くなっている。

現地に滞在している間、マラリアの流行していない国からやってきた外国人支援者はマラリアの予防薬を飲むことになっていた。ところが、とある組織のスタッフは配られたマラリア予防薬を自国にもち帰って売ろうと考えていたようで、飲まずにいた。そして、何人かがマラリアに感染して命を落としてしまった。「アフリカでエボラと闘ってきた」という経歴は一見華々しく思われるかもしれないが、僕たちはそんな世界で仕事をしている。

流行はお葬式から

「怖くないんですか?」と、よく聞かれる。実は、僕はエボラウイルス病そのものに対してはあまり恐怖心を抱いていない。感染してしまうと高確率で命を落としてしまうのは事実だが、どこに感染者がいて、どのような接触をすると感染してしまうのかは概《おおむ》ねわかっている病気だからだ。エボラウイルス病の流行している現地で対策活動を行うことは、「車の行き交う道路を赤信号のときに渡らなければいけないのだけれど、右を見て左を見て、そして道路に踏み出すタイミングを自分で決められる」くらいの危険性だと僕は考えている。確かにリスクはあるが、それを未然に防ぐための感染制御の知識や道具が僕たちにはある（感染制御については、第5章「ウイルス学者が感染対策?」〈161頁〉を参照）。

アフリカでは以前からエボラウイルス病の流行が散発的に起こっていたわけだが、いずれの流行も100~300人くらいの命を奪った後に、数週間ほどで終息していった。ところが、2014年のアウトブレイクは数万人規模の大流行となった。一体、なぜだろう。これには、複合的な要因が考えられている。

まず、流行のはじまった場所が地理的に対策の難しい場所だった。発端は、首都など都市部から遠く離れたゲゲドゥという町だった。ギニアにあるこの町は、リベリアとシエラレオネという二つの国との国境近くに位置している。このエリアでは同じ部族のひとびとが3か国にまたがって居住しており、「自分の兄弟が住んでいる村は隣の国にある」といった状況がよくある。彼らは国境を意識することなく行き来して生活していた。そのため、この地域で流行がはじまったときに、どの国が対策の主導権を取るのかが明確でなかった。ひとびとが国をまたいで移動してしまうために、あらたに感染したひとを見つけるための接触者調査も非常に困難であった。

流行の発端は奥地の町だったが、そのような場所でも近代化は進んできており、首都に出るまで20年前だったらおそらく1週間近くかかっていたのが、そのころには1～2日で行けるようになっていた。そして首都近郊では都市化によって地方からいろいろなひとが集まってきており、場所によってはスラム街が形成されていた。ゲゲドゥで流行がはじまってから最初の数か月間の感染状況は比較的小さな規模で推移していたが、ウイルスが都市部に入ってしまってからは、集中した人口と活発なひとの動きによって爆発的な感染拡大となった。

そしてこの流行では、現地における葬儀の風習も感染拡大を助長した。西アフリカでは、お葬式のときに遺体を抱擁してから土葬する習慣がある。エボラウイルスは亡くなったひとの遺体にも残っていて、そこからも感染伝播が起こりうる。そのため、この風習によって葬儀参加者の間でのクラスターが頻繁に発生した。実は、大流行の発端となったゲゲドゥでもはじめの感染は野生動物との接触によるものだったが、その後の当地での感染拡大は葬儀がきっかけだったことがわかっている。

また、村長や宗教的な指導者など多くのひとからの尊敬を集めているかたが亡くなったときには、その偉大なパワーを分けてもらおうと、遺体を洗ってその水をみんなで飲んだり浴びたりするという風習が西アフリカの一部にあるそうだ。その偉いかたの亡くなった理由がエボラウイルス病だったとき、悲惨なことにその地域で壊滅的な被害が発生した。

WHO オフィス近くのスラム街。住所も存在しないプレハブ小屋に多くのひとが暮らしている

流行の拡大に気づいた当初は、国際的な組織が支援に入り遺体を

焼却することでリスクを低減しようと図った。だが、地元のひとたちからの反発は相当なものだった。それまできっと数百年間続けてきた彼らの風習をないがしろにすることは到底許容されるものではなく、国外からの支援組織は「悪魔だ」と罵《ののし》られたそうだ。遺体を焼かれたご遺族は、「大切なひとをきちんと葬れなかった私たちは人間ではない」と悲しみに暮れていた。

それからしばらくして、遺体の埋葬は彼らのやり方を踏襲しつつ、家人や友人にはご遺体に触れないようにしていただいて、感染防御のトレーニングを受け防護服を身につけた現地の葬儀担当者が安全に埋葬するというやり方に変わっていった。

このエボラウイルス病の大流行を制御するために、国連機関は対策の柱として、【患者の診療】【感染者の発見、接触者の調査、彼らの隔離】【安全で尊厳の保たれた遺体の埋葬】【市民への啓蒙活動】の四つをあげている。三つ目にあるとおり、やはり葬儀は重要な感染拡大のファクターであるとみなされていた。

流行の中心となった3か国が、世界の中で最貧と呼ばれるような国々だったことも制御を難しくさせた。僕の派遣先だったリベリアでは、長年にわたる内戦が2003年まであった。もともとリベリアという国は、アメリカにおける奴隷解放運動に伴って建国された。アフリカからアメリカに連れてこられた奴隷やその子孫たちをもとの土地に帰そうという運動が起こったものの、多くの奴隷たちはどこから来たのかがわからなくなっていた。そこで西アフリカ沿岸に元奴隷のかたがたを住まわせたのがリベリアという国の起こりだ。リベリアという国の名前には「解放の地」という意味があり、国旗はいまでもアメリカのそれに似ている。

そして起こった悲劇が、リベリア内戦だ。奴隷の子孫であるアメリカ帰りのひとたちは、ひとびとを支配する方法を学んでいた。リベリアの地にもともと住んでいたひとたちを虐げて支配階級となった彼らに対して先住民が蜂起し、内戦が起こった。

リベリア首都の住宅地。首都部ですら貧しく、道路が舗装されていないところもまだまだ多い

長引く内戦は、国の経済も国民の活力も蝕《むしば》んでしまった。世界に約200ある国の中で、リベリアの経済状況はひとりあたりのGDPだと180位くらいで、日本の50分の1ほどになる。きちんと教育を受けていないために感染症やウイルスというものに対する理解が十分でないし、情報を伝えようにもテレビや電話のない家庭が多い。そもそも字の読み書きができないひともいる。人口1000人あたりの医者の数は日本の2・5人に比べて、リベリアでは0・1人以下と20倍以上の開きがある。当然、水の飲めるような上水道はないし、電気も24時間届くわけではない。ほとんどの道路は舗装されておらず、もともと病院の数は少ないが、雨が降ったら道路がぬかるんでその病院に行くことすらできなくなる。そんな国で、エボラウイルス病の流行が起きたのだ。

WHOとパートナーと祈り

WHOの専門家というと、医者や医学研究者などが想像されるだろう。もちろんそういったひとたちもいるが、文化人類学者やコミュニケーションの専門家なども派遣されており、現地コミュニティとの橋渡しというとても大事な役割を担っていた。

病院へのアクセスがよくないことと、一部の地域では西洋医学への信頼が高くないこともあり、病気になったときにはトラディショナル・ヒーラーと呼ばれる呪術・按摩《あんま》・薬草などを専門とするひとのところに行く住民も多い。葬儀や医療施設で起こったのと同様に、ここでも感染者のクラスターが発生した。トラディショナル・ヒーラーを訪れる病人の中には当然エボラウイルス病の患者も紛れ込んでおり、流行中には何人かのトラディショナル・ヒーラーがおそらく患者からエボラウイルスをうつされ亡くなった。彼らは具合いが悪くなったあとも地域のひとたちのために懸命に仕事を続けた。そのため、不幸なことに、エボラウイルス病以外の理由でトラディショナル・ヒーラーを訪れたひとたちにもウイルスが伝播していった。

このような現地のひとびとの風習やしきたりを理解して介入していくためにも、文化人類学者や宗教学者といった人文社会系の専門家が感染症流行の現場で果たす役割は大きい。

さて、ＷＨＯが診療や検査など実際の対策活動を行っていると思われるかもしれないが、実は僕たちの現場でのプレゼンスはあまり大きくない。そもそも、対策活動は現地の保健当局や医療従事者が主となって行われるべきだ。突然外国人が大挙して押し寄せて、資金力や最先端の科学知識を振りかざし「俺たちが来たから、もう大丈夫だ」と力任せに流行を制御して、流行が終息するや否や「それでは、お元気で」と去っていってしまうのでは、この国でつぎの感染症の流行が起きたときに同じ悲劇が繰り返されるだけだ。相手国のことを真剣に考えていない、支援する側の自己満足と言ってもいい。

彼らの国で起こった感染症は、彼らが主体となって制御しなければならない。もちろん、現地では資金や技術や人材が不足しているために限界もある。そこで、さまざまな組織が対策活動をサポートするのだ。患者の診療は現地の医療従事者が行うが、人員も技術も十分ではないため、「国境なき医師団」や各国から派遣されてきた緊急援助隊がそれをサポートする。地域ごとの感染者数の集計といった調査活動（サーベイランス）を行うのは現地の保健所に相当する組織だが、やはり人員や経験が足りないのでアメリカの疾病予防管理センター（CDC）がそれをサポートする。遺体の埋葬は、赤十字社やグローバル・コミュニティズといったNGOがサポートを行った。このようなさまざまな支援組織を、僕たちはパートナーと呼んだ。

いま名前をあげた組織はほんの一例で、ほかにもこの西アフリカでのエボラウイルス病大流行のときはものすごい数の支援組織が現地に入った。中にはちょっと不思議な考えをもっているひとたちもいて、見たこともない祈禱《きとう》の儀式を行ったり、特別なパワーがあると自称する団体が手をかざすことでエボラウイルス病を治しますと主張していたりもした。彼らは西洋諸国から来ていたわけだが、トラディショナル・ヒーラーのような存在はどこにでもいるのだなと僕は思った。

現地当局の担当者やパートナーたちとの集合写真。みんなでたくさん助け合い、そしてたくさん喧嘩した

トラディショナル・ヒーラーのすべてが悪いとは決して思わない。病気で苦しんでいるひとや不安になっているひとたちの心の支えになることもあるだろう。でも、エボラウイルス病の流行については、科学的でないやり方で落ち着かせることはかなり難しかったし、中途半端な医療の知識で患者さんに接することは、彼ら自身の感染の危険も伴った。トラディショナル・ヒーラーのかたがたと話をしてみると、み

ながみな固い考えをもっているわけでもなかった。「申し訳ないけれど、そのやり方ではあまり助けにならない」と説明をしたところ、具合いの悪いひとを専門の病院につなげる仲介役になってくれるひともいた。

国外からきたちょっと怪しいひとたちの多くは、「正直、そのような活動は対策の妨げになっているし、あなたたちも危ない」と伝えられると自国に帰っていったが、中には「それなら」とリベリアに残って、病院で食事を作ったり掃除をしたりとボランティア活動を買って出てくれるひともいた。病気に対する考え方のようなものは僕らと相いれなかったかもしれないが、苦しんでいるひとたちの助けになりたいという思いは本物だった。

話を戻すと、エボラウイルス病の対策に関わるいろいろな活動は、さまざまなパートナーたちの支援のもとに行われた。ただ、それぞれが好き勝手に動いては困るだろう。そのコーディネーションを現地の厚生労働省のような政府組織が担う必要がある。しかし、当局の担当者たちは保健行政の専門家ではあるものの、国際支援の受け入れや感染症アウトブレイク対応の経験が十分にあるとは限らない。そこで、全体のコーディネーションをする現地の対策本部に入って調整を手伝うのがＷＨＯの主な任務だ。

だから、WHOは患者の診療をしない。WHOはPCR検査をしない。WHOは遺体の埋葬をしない。治療薬やワクチンの開発をするわけでもない。最前線で現地のかたが対策活動に従事し、それを支援組織がサポートする。支援組織のコーディネートを行政機関が担う。それをさらに後ろからサポートするのが、WHOだ。

対策会議のひとこま。現地のひとを中心に、多団体・多国籍のメンバーで話し合う

国際保健のお作法

WHOの対策班において検査チームのリーダーとなった僕だが、おもしろいことに対外的にはリーダーとは名乗らない。現地の病院にも検査室はあるし、「国境なき医師団」のような支援団体にも検査担当のひとはいる。そのようなメンバーが集まって組織を超えた会議をすることもよくあり、会議の主催者はもちろん現地の

別の対策会議の様子。現地のひとの間でも派閥があったりして、だれに話をもっていくのか絶妙な調整力が求められる

保健当局のかたが務める。たとえば、前頁の写真では南アフリカ人・アメリカ人・ガーナ人・中国人・イギリス人・スペイン人、そして日本人の僕が写っている。別の会議を見てみよう。こちらは南スーダン人・ブラジル人・アメリカ人・エチオピア人・イギリス人、そして僕だ。そして、どちらの会議でも真ん中には現地のひとが座っている。このアウトブレイクは彼らの国で起こったものだ。彼らが、彼らの価値観のもとに、よいと思う方法を考え、対策を実行し、流行を制御していかなければならない。WHOも、パートナーと呼ばれた支援組織も、それを手伝うためにこの国に集っている。

とはいえ、よくないのだけれど、会議の調整や議事録の作成など技術的なサポートをしているうちにWHOが議長のように見えてしまうことがある。また、パートナーたちもWHOという大きな組織に期待しているところが大きいのは否めない。そのような状況で、「私がWHOのチームリーダーです」と自己紹介すると、まるでこの対策活動において全体のリーダーであるように聞こえてしまうだろう。「31歳の若造がリーダーだなんて生意気だ」、と不満に思うひともいるかもしれない。

ではどうするのかというと、「フォーカル・ポイント」という表現を使う。焦点、という意味だ。パートナーたちに「検査に関連する事項で、WHOに伝えたいことや頼みたいことがあるときには、僕に連絡をしてください。そうしたら、必要なアクションを起こせますよ」と伝える。そうすると、さまざまな意見や要望が僕のところに集まってくる。それが、レンズを通して光が収束する「焦点」にたとえられるわけだ。

たとえば、どの検査室がどのメーカーの機械を使っているのかといった技術的な問い合わせや、それぞれの検査室の先週の検査数と陽性率はどのくらいだったのかといった流行状況についての質問がくる。医療施設が検査室に検体を送るときに、安全のために決められた梱包のルールを守っていないことがあるので徹底するように言ってくれ、なんて依頼もくる。検査に使う試薬を購入するための資金援助をお願いされたこともあった。

まぁ、実際には僕のほうからパートナーたちにお願いすることのほうが多かったので、レンズと言っても収束する凸レンズではなくて発散する凹レンズだったかもしれない。多くのパートナーや現地のかたがたに期待されるからこそ、あくまでサポート役であるという自分の立ち位置を自覚して常に謙虚でいなければならない。そのためには、微妙な言葉遣いにも気をつける必要がある。

「英語には敬語がない」と聞いたことがあるかもしれないが、そんなことはまったくない。たとえば、明日の２時にミーティングをしたいとする。この本を読んでいるあなたは、「～したい」はwant。でも、丁寧に書くときはwould like、なんて習ったかもしれない。ところが、「I would like to have a meeting at 2PM tomorrow」とメールで書いたら、ＷＨＯの先輩から注意されてしまった。「ミーティングをしたい」という主体性は僕たちＷＨＯに求められていない。「明日の２時は都合がつきますか？　ミーティングができるかな、なんて考えていまして……」みたいな表現で書く。何かをお願いするときには「Please」をつける、当然だ。もっと丁寧に「Would you please…?」とか「Could you possibly…?」と書くほうがいいかもしれない。あるいは、「もしあなたが○○をしてくれると、それはみんなの助けになると思いますよ」と婉曲《えんきょく》的な表現でお願いした

りもする。僕が現地のひとやパートナーにメールを送るとき、幾度となく、文面は、

I'm at your disposal,

Yuki（←僕の名前）

WHO laboratory focal point

（私を好きなように使ってください。WHO検査担当フォーカル・ポイント、ユキ）

という言葉で締められた。

もちろん、意見を言うことが禁止されているわけではない。むしろ、会議の場では常に意見を求められた。

アフリカに行くまで、僕は医者や研究者として仕事をしていたわけだけれど、特に研究者の会議は知らないひとが見ると結構怖いんじゃないかなと思う。研究ミーティングでは、科学を発展させるために他人がやったことやそこから考えたことに対してみんなでたくさんの「ダメ出し」をしていくというのが、よくないスタイルだとは思うのだがありがちな光景だ。これを国際保健の現場でやってしまったら、言われたほうはいい気

持ちがしないし、場合によっては関係が壊れてしまう。

いろいろな会議に出席していく中で、発言するときには「いいポイントはどこなのか」からはじめて、つぎに問題点を指摘し、そのあとに「代わりにどんな提案があるのか」を必ずつけ加え、最後には当初の案をもってきたひとにもう一度感謝を述べるべきなのだと学んでいった。ひょっとしたらビジネスの現場では常識なのかもしれないが、病院や大学といったちょっと変わった世界にいた僕は本当に世間知らずで、そんなこともわからなかったのだ。

「わからなかった」といえば、エボラウイルス病の流行中は「他人と素手で接触しない」というルールがあったのだが、赴任したてのとき、僕はそれを知らなかった。当初、僕はいろいろなひとたちに対してお近づきになろうとあちこちで握手を求めたので、だいぶ怪訝《けげん》な顔をされてしまった。WHOのひとたちは肘をぶつけて挨拶をしていた一方で、赤十字社に所属するひとたちは靴の内側を合わせるといった方法で挨拶を行っており、違いがあるのもおもしろかった。

ところで、リベリアには安定した電気供給がないため信号機もほとんど設置されていない。それでも首都圏など街中では車やバイクが行き交い、交通事故がかなりの頻度で発生する。リベリア滞在中のあるとき、僕の目の前で車とバイクの衝突事故が起こった。僕は乗っていた車から飛び降りて、バイクから投げ出されたひとに駆け寄って素手で応急処置を施した。それは先ほどの「他人と素手で接触しない」というルールに抵触しており、あとでひどく注意された。

当時の流行地ではすべての死亡症例に対してエボラウイルスの検査が行われていた。どんな状況でも、だ。たとえば隣国のシエラレオネでは、ヤシの木から落ちて転落死したひとに検査をしたところ、エボラウイルス陽性だったという事例もあった。事故死だからといってエボラウイルス感染は否定できず、むしろ事故を起こした原因としてエボラウイルス病による体調不良も可能性として十分にありえる状況だったのだ。また、サハラ以南のアフリカではＨＩＶの蔓延《まんえん》率も比較的高く、素手で血液に触れることはその観点からもリスクがある。「自己責任だから構わない」という考えが当時の僕にはあったのか、交通事故を目撃した僕はとっさの行動をとった。

しかしながら、もし国外からきた国際組織のスタッフが仕事中に致死的な感染症に罹《り》患《かん》したら、単純に僕が命を落とすだけでなく、支援の在り方やルールの見直しなどが議論され多くの関係者に迷惑をかけただろう。未熟だった僕には、そこまで考える余裕も大局観もなかった。

ヘイ、Yuki

検査に関する事項全般を支援するように言い渡されたものの、WHOが検査室を運営しているわけではない。エボラウイルス病のための検査室は、この流行のために国外の支援組織が設置してくれたものだ。はじめは一つだったものが次第に増えていき、流行がはじまってから半年が経ったころには国全体で10か所ほどになっていた。そしてそれぞれの検査室で、患者さんから採取された血液などの検体の中にエボラウイルスがいるかどうかを検査していた。

リベリアに派遣された僕は、研究者であるバックグラウンドを活かしてデータの管理と解析から取り掛かることにした。エボラウイルス病が疑われる患者さんがいると、彼らは専門の医療施設に搬送されそこで検体が採取され、検査室に検体が輸送されて検査が行われ、その結果が医療施設に返され医療施設から保健当局に報告が行き、最終的に感染者数がカウントされていく。

　ところが、実際には報告漏れやダブルカウントなど、感染者数の集計に関してかなりミスが起きている状況だった。だれが悪いわけでもなく、爆発的な感染拡大の中で多くのひとが疲弊していた。携帯電話はあったが、通話時間をプリペイドカードで購入する仕組みのため情報のやり取りが頻繁になると突然つながらなくなってしまう。そもそも固定電話というシステムはこの国に存在していない。電気やインターネットが24時間使用できるわけでもないし、文字の読み書きができないひとも多い中で行われる疫学調査は困難を極めた。

　想像できるだろうか。読み書きのできないひとから、名前や住所を聞き出すことの大変さを。しかも、本名とは別に通り名があることも多く、昨日聞いた名前とは違う名前で今日は答える。同姓同名のひとが近所にたくさんいる。スラム街では、どこにだれが住んでいるのかや、ひとつの家に何人が住んでいるのかすらわからない。

　そして、雨季には毎日のように土砂降りのスコールが降った。患者さんの情報を必死に集めて記録した紙が雨でびしょびしょに濡れてしまって、オフィスに戻るころには字も読めない状態になっていたことだってある。

　そんな中で、エボラウイルス病だと確定したすべての症例は、検査を受けて陽性だったから「確定」と判定されているわけであり、検査室にこそ感染者数などの一次情報があることに僕たちのチームは着目した。エボラウイルス病の診断は新型コロナウイルス感染症と同じくPCR検査によって行われるのだが、このエボラウイルス病大流行が起こる以前はリベリアにPCRの機械は1台もなかった。先ほど説明したように、流行中はアメリカや欧州連合（EU）などの国外組織が支援として機械をもち込み、各地で検査を行っているという状況だった。

これを逆手に取ってみると、これらの検査室では感染者の一次情報がほとんど漏れなく、しかもスプレッドシートで電子的に管理されているわけだ。これを統合して解析することで、いつどこでどのくらいの感染者が発生しているのかがわかるかもしれない。決して公的な感染者数集計の仕組みに取って代わろうとしたわけではなかったが、混乱の中でバックアップ的に二つのシステムを並行して走らせることを僕は提案した。しかも、検査室のデータは公的な集計報告よりも早く情報を得ることができたし、そしてときにより正確だった。

そんなこんなで僕は毎日のように検査室のデータと公的な集計データを並べて睨《にら》めっこしていたので、リベリア各州の陽性者の数や死亡率といった数字を自然に覚えてしまった。当時、「ヘイ、Siri。○○を教えて」とＡＩに尋ねると回答が音声で返ってくるスマートフォンの機能が流行りはじめたころだった。対策班のオフィスでは、だれかが「ヘイ、Yuki。□□州の先週の感染者は何人?」とか「ヘイ、Yuki。ここ1週間で10人以上が死亡した地域はどこ?」などと尋ねては僕が答えるという便利なサービスが提供された。

昨日なに食べた?　から始めよう

……と、まるで順調に支援活動がスタートしたかのように説明したが、実際は苦労の連続だった。

まず、このようなデータに僕がアクセスできるようになるまでに1か月以上の時間がかかった。さまざまな国や組織が支援するそれぞれの検査室は、データを現地の保健当局とは共有するが、僕の所属したＷＨＯにもそれを提供してくれるとは限らない。彼らは被災国のために活動しているのであって、それ以外の相手に勝手に情報を渡さないのは当然のことなのだ。そのため僕たちＷＨＯは現地の保健当局からデータを得る必要があるが、そこも一筋縄ではいかない。

たとえば政治的な理由や経済的な理由のために感染者の数や場所を報告したくないときや、あるいは情報を出すタイミングを調整したいといったときもあったかもしれない。少し話は変わるけれど、リベリアではない別のある国では、以前から散発的にコレラが流行していると考えられているが当該国はそれを認めておらず、「急性下痢症の流行」として世界に報告している。コレラの流行を制御できない自国の保健事情を公にしたくないというプライドや、コレラの流行を認めてしまうと重要な外貨獲得の機会である観光業による収入ががくっと落ち込んでしまうのではという懸念があるのだろう。

災害の発生時に得られたデータや検体は、それを収集したのが国外の組織であったとしても、その帰属権はすべて被災国にあるというのが最近の国際保健や国際支援の考え方だ。データが外国人の手に渡ると勝手に論文化されたり、それを利用して何らかの特許取得が行われたりするのではという疑念が現地のかたの中には常にあった。そのため、データの共有や公開がスムーズに進まないことも多い。だが、それは何も責めるべきことではなく、彼らの不安は被災する中で抱くある意味自然な感情とも言える。

2000年以前は、どこか途上国で感染症の流行が起こると、支援に入った外国人研究者がそのデータを一流の科学誌に発表してしまうということがよくあった。想像してみてほしい。ある珍しいウイルスが流行したときに、外国の研究者が現地に入り、そこで採取されたウイルスの遺伝子情報を解析して、それをもとに自国に戻ってワクチンを開発したとする。もしこのワクチンの特許を取得して発生国に対して売りつけるようなことをしたら、現地のかたがたはどんなふうに思うだろうか。

だから、現地でデータにアクセスできるようになるためには、自分が彼らの仲間であり、「うまくやれる」ことを示していく必要がある。担当者と会える機会が訪れても、すぐにデータの話をしたら向こうの警戒心が強まってしまうだけだ。そもそも、すぐに仕事の話をはじめないという文化がリベリアにはあるようだった。昨日食べたゴハンの話、家族の話、サッカーの試合結果についてなど、世間話を10分ほどしてから次第に仕事の話へとシフトしていく。そして、僕はコンサルタントとして彼らのやりたいことを手伝っていくのだ。ときにはコーラやビールをおごったり携帯電話のプリペイドカード代を代わりに支払ったりして、「信頼ポイント」を稼いだ。

そうやって彼らのやりたいことを実現していくためのコンサルトをする中で、「あ。それなら検査室のデータがあればできますよ」という場面が出てくるのを虎視眈々《こしたんたん》と狙った。ただしそのときが訪れても、焦ってすぐにすべてのデータを要求してはいけない。まずは必要最低限のデータを見せてもらって、解析をして、結果をもとに今後の方向性を提案する。たとえば、各検査室が日々どのくらいの数の検体を受け取っているのかや、それを何時間で処理できているのかを分析することで、どの村の検体をどこの検査室に送るのがよいか、国外組織の支援によってもう一つの検査室を設置できることになったらどこに配置しようか、といったことを考えていく。

そのような解析を迅速に行い、結果を現地の担当者に共有して、興味をもってもらえたら解析のやり方を教えつつ、対策会議で発表するための資料を作成して、それを僕の名前は出さずに現地のかたに華々しく発表してもらうのだ。なんだか狡猾だが、そうしたことを繰り返していくうちに、「こいつはデータを盗もうとしているわけじゃない。きちんと対策のために必要としていて役立てようとしているし、こちらのルールを逸脱せず顔も立ててくれる」と評価されて、次第にデータの全体に対して定期的にアクセスできるようになっていった。

ちなみに、この「どの村の検体をどこの検査室に送るのがよいか」に関しても、ちょっとしたエピソードがある。

この議題は国全体のエボラウイルス病対策に関わるものなので、現地の政府関係者・医療従事者・WHO・各国の緊急援助隊・さまざまなNGOなど多くのパートナーが参加する大規模な会議が開かれることになった。実際にどうやって検体が集められ検査室に送られているのかを聞いたところ、ライダーズ・フォァア・ヘルスという団体が入って輸送を担っているらしい。是が非でもこの会議に参加してもらいたいのだが、この団体の代表者の連絡先がわからない。

そこで僕は、首都圏にある外国人が集うホテルのバーやレストランに毎晩のように入り浸り、隣に座ったひとたちに声をかけた。「ライダーズ・フォァア・ヘルスっていう団体のひとをだれか知らないか?」。ここで「知ってるよ」というひとがあらわれたときも、焦ってすぐに情報を聞き出そうとしてはいけない。

「へぇ、知ってるんだ。この国のために頑張ってくれているいいひとたちだよね。ところで、君は何をしているの?　すごい、それも立派な仕事だねぇ。あれ、それは何を飲んでるの?　おいしそうだね、僕も同じものを飲もうかな。店員さーん、これを2杯ください。え?　あぁ、1杯は君の分だよ。気にしないで、奢《おご》るからさ。僕?　僕は日本から来たんだ。知ってる?　そうそう、トヨタとかホンダの車を作っているところ。え、車を安く売ってくれ？　いやぁ、生産国だからって安く手に入るわけじゃないんだよ。じゃあ何をしてるのかって？　いまは、エボラウイルス病の対策のためにこの国に来ているんだ。あ、さっきの話だけどさ、仕事で頼みたいことがあるからライダーズ・フォア・ヘルスのひとの連絡先を教えてもらうことってできるかな。え？　向こうの許可が必要？　そうだよね、じゃあこれを飲んだらちょっと電話で聞いてみてくれない？　あ、でも電話代がかかるよね。外の売店にいって、来月分の電話代をチャージするカードを僕が買ってくるよ」

こうして、僕はライダーズ・フォア・ヘルスの代表者の連絡先を入手して、彼をエボラウイルス病対策パートナー間の調整会議に呼ぶことができた。これは、リベリアで成し遂げたことの中で一番といっていい成果だったと思う。

エボラウイルスなんて存在しない

検査に関する対策のサポートを担当することになった僕たちのチームは、データ解析や調整会議以外にもさまざまな活動を行った。検体採取キットと患者情報記録用紙をビニール袋に一つずつ詰めて、それを毎週1000個近く手作業で作成してリベリア中のエボラ医療施設に届けるという泥臭い作業もした。正直に言うと、日本で医師免許を取得してアメリカで研究者となった僕の仕事がこれなのかと、怒りとも情けなさとも表現できないとてもネガティブな感情を抱いたこともある。

ただ、連日のように夜中まで変な作業をしている謎のアジア人を見かねて、WHOの違う部署のスタッフがおもしろがって手伝ってくれたこともあったし、それが結構重要なものだと判明してからは、地元の仲間にも声をかけてくれて現地の大学生が手を貸してくれたりもした。この単調な作業でさえも、ひととひととをつなぐ大切なきっかけになっていた。

手伝ってくれた地元の大学生たちは、はじめはエアコンの効いた室内と快適なWi-Fiを求めて対策班のオフィスに通ってくれただけかもしれないが、次第に僕とも仲良くなり、彼らの住む町を案内してくれたり地元の料理をごちそうしてくれたりした。彼らも、アジアの不思議な国の話を僕がするのを楽しんでくれているようだった。飲み会で酔っぱらったあとにトラックの荷台に乗せられて宿まで送ってもらったのは、都会で育った僕にとってはとても新鮮な経験だった。また別のときには、地元のひとたちとのストリ

地元の大学生たちと。若いひとたちはあまりお酒を飲まないらしく、小柄なのに異常な量のビールを飲む僕にびっくりしていた

ートサッカーに混ぜてもらった。試合後にはすっかり日が暮れてオフィスの場所もホテルの場所もわからなくなって知らない町の道路の真ん中で半べそをかいたが、通りかかったお巡りさんがバイクの後ろに乗せて送ってくれた。いまとなっては、それもいい思い出だ。

ＰＣＲ検査に加えて抗原検査キットが使えるようになったときには、その対象者や診断のアルゴリズムを検討するための委員会を対策本部の中に立ち上げるといった内務的な仕事も行った。ちなみに、この委員会は揉《も》めに揉めた。僕を中心とした「検査中にエボラウイルスに感染して亡くなった事例もある。まずはトレーニングを行って、技術を身につけたひとのいるいくつかの病院で試験的に運用して、うまくいくことを確認してそれから地方などにひろげていくべきだ」という考えのひとと、Ｗ

HO本部からきていた「いま流行をコントロールできていないのは、国境付近の辺鄙《へんぴ》な地域が多い。原因の一つとして、そこでPCR検査ができていないことがあげられる。ただちにそこでの抗原検査キット使用を開始すべきだ」と主張するひとたちのグループにわかれた。

日中はオフィスで顔を合わせて議論が交わされ、終業後も深夜までメールが飛び交った。次第に声を荒げていく僕らをみて、周りのひとたちはきっとハラハラしていただろう。毎日のように100通を超えるメールが行き来する中で、そのメールをCCで受信していたとても偉いひとから、「そんなに揉めるようなものなら、もう使わないことにしましょう」とおもちゃを取り合う子どもを相手にするかのように諫《いさ》められてこの件は流れた。

検体の輸送や検査の実施は、それまでにエボラウイルス病の流行を経験したことがなくPCRの機械に触れたこともない現地のかたがたでは難しく、当初はさまざまな国際支援組織が担った。コンテナに搭載された移動式の検査室がヨーロッパのチームによってもち込まれたり、アメリカのチームがリベリアの大学の寮の一室を改造して臨時の検査室を設置したりした。

ちなみに日本だと、エボラウイルスがいるかもしれない検体を扱うことのできる検査施設は非常に限られている。もちろん、そのセキュリティはものすごく厳重だ。一般のひとは近寄ることすらできないし、検体の入った冷凍庫を開けるにはさまざまな認証をクリアしなければならない。

リベリアでは、臨時で設置された検査室の入り口の扉に手書きで「エボラ検査中、立ち入り禁止」と掲示が貼られ、検体が入っている冷凍庫の扉には、マジックペンで直接「エボラあり、近づくな」と書かれているだけだった。

検査自体は、医療系支援団体の検査技師のかたや、日ごろエボラウイルスの研究をしている海外の若手研究者たちが来てくれてもち回りで担当した。しかしながら、長引く流行の中でいつまでも外国人が検査を行うというのは、持続性という観点から理想的ではない。たとえ今回の流行が落ち着いたとしても、つぎの流行が起きたときにまた国外の手助けを待っているようでは、その間に感染が拡大してしまうだろう。

そこで、僕たちＷＨＯチームで検査のやり方や安全手順に関するトレーニングを企画することにした。検体の安全な採取の仕方、梱包の仕方、受け渡し方、検体処理の方法、ＰＣＲ機械の使い方、結果の読み取り方などをレクチャーしたのだ。リベリア中の保健所の所長や実務担当者に声をかけて参加者を募った。これは、まさにＷＨＯらしい活動だったと言えるだろう。

前に説明したように、ＷＨＯが感染症対策の最前線で診療活動に関わることはほとんどない。全国の保健所に電話をかけて参加者のリストを作成して、そのひとたちの旅費を予算から捻出して、トレーニングの会場を予約して、当日に使う資材をヨーロッパから取り寄せて、講義で使うスライド資料を作成するのが僕たちの仕事だ。もちろん僕ひとりでこんなに多岐にわたるタスクをこなせるわけではなく、交渉が上手なひと、経理が得意なひと、グローバルな代理店とコネクションのあるひとなど、素晴らしいチームメンバーがこの活動を助けてくれた。

エボラウイルス陽性の血液検体を保管する冷凍庫。STAY AWAY と書くことがこの国でのバイオセキュリティ

ちなみに、このような下準備を僕たちが行うのだが、僕たちがトレーニングで講師を務めることはあまりない。西アフリカのかたがたは過去に奴隷貿易の対象

であったり、宗主国に虐げられたりしてきた歴史がある。白人（僕も現地のひとからはそう呼ばれる）の言うことに素直に耳を傾けることがいまでもなかなか難しい状況なのだ。「また騙《だま》そうとしているんじゃないか」と猜疑《さいぎ》の目を向けられる。そもそもエボラウイルスについて、「白人がこの国を征服しようと人工的に作ってバラまいたものに違いない」とか、「エボラウイルスなんて存在しない」と信じているひとたちが、大多数ではないものの少なからずいた。

日本でも新型コロナウイルス感染症の流行時に、「このウイルスは闇の支配勢力によって人工的に作られたもので、ワクチン接種による人口削減が目的だ」と主張するひとたちがいたけれど、このときアフリカで経験したことと似たような事態が10年後の日本でも起こるだなんて、当時は予想できなかった。

「エボラウイルス病というものがこの国で流行しています。それは感染症だから、防ぐ手立てがあるんですよ」と伝えるのも僕らの大切な仕事だ。流行中、国連機関の所有する車両にはすべて「エボラ・イズ・リアル（EBOLA IS REAL）」という文言が印刷された。ちなみに英語では、文章をすべて大文字で書くことで強調の意味になる。新聞もテレビもない社会であろうと、その状況でできることをやるしかない。街中の壁にポスターを貼ったり、あるいは壁に直接絵を描いたりすることで、「エボラウイルス病に感染するとどんな症状が出るのか」や「病気をうつされないためにはどうしたらいいのか」について啓蒙活動を行った。

病気の症状や予防について伝える手書きのポスター。ここにも「EBOLA IS REAL」と書かれている

　あるときは、みんなで白衣や防護服を着て街の目抜き通りでパレードを行った。「いま、ひとがバタバタと亡くなっているのは、エボラウイルス病という病気です。具合いの悪いひとは病院に来てください。あなたが病院に来て家やコミュニティから離れることで、感染伝播の連鎖が止まります。ウイルスに感染しているかもしれない濃厚接触者を見つけて検査することができます。特効薬があるわけではないけれど、病院に来れば点滴などで体がウイルスと闘うのを手助けすることができます。それでも、正直、助からないかもしれません。そうだとしても、あなたが病院に来ることで、あなたの家族や友人を救えるかもしれないので

道路沿いの壁に描かれた啓発メッセージ。エボラウイルス病について、字の読めないひとでもわかるようにイラストで説明されている

す」と呼びかけた。

地元の名士と呼ばれるようなかたがたにも協力してもらって、文化人類学者の力も借りながら、現地のひとたちへの啓蒙活動は行われた。悲劇ではあるが、何よりも多くのひとが亡くなったことはこの病気の恐ろしさを鮮明に印象づけた。具合いの悪くなったひとが、食料がないからと買い物に出かけたと思ったらその途中の道端で倒れて亡くなる。熱が出て苦しそうだなと思ったら、翌朝には息をしていない。流行が起こった村には毎日のように専用の車がやってきて、家々をまわって死亡者がいないか確認し、そして道路に放置されている遺体を回収していった。

リベリアの人口は約400万人だが、わずか1年ちょっとの流行で5000人ほどの命がこの病気によって奪われた。日本の人口に換算すると15万人、一つの中都市がまるまる消滅したのに等しい規模だ。1年前まではまだまだ余裕のあった墓地の空きスペースが、ほんの数か月で埋まってしまった。いまでも、その写真を見たときの衝撃は忘れられない。

銃をもった専門家

話を検査トレーニングに戻そう。いくらエボラウイルス病の怖さが伝わったとしても、僕たち外国人が現地のかたがたに簡単に受け入れられるわけではない。そんな中で、僕たちは、信頼関係を構築できた現地の担当者にまずトレーニングの仕方をトレーニングする。そのあとに、彼らが、彼らの仲間に、彼らの国のために、彼らの言葉で知識や技術を伝えていくのだ。そうすることで、参加者はより真剣に取り組み、ぐっと有意義なトレーニングになる。

そして、トレーニングによって身につけた知識や技術は、それが現場に還元されてはじめて意味をもつ。それぞれの検査施設が問題なく検査できているのかや、トレーニングしたことが活かされているのかについて、僕らが現地まで確認しに行くこともある。

国連のヘリコプターでジャングルをひとっ飛び。窓からゾウやキリンが見えるかなと期待したけれど、そんなことはなかった

検査室は首都近郊にももちろんあるが、地方にも設置されている。そこにつながる舗装された道路があるとは限らない。あるときはアメリカ軍の保有しているジープで道なき道を丸1日かけて行ったし、また別のときは国連の保有するヘリコプターでジャングルを飛び越えて向かった。このようなときに、アメリカ大使館や国連人道支援航空サービス（UNHAS）などいろいろな関係者に連絡を取って移動手段を手配するのも僕の仕事だ。少しは役に立てるほどにあるかなと己惚《うぬぼ》れていた医学知識も研究能力も、まったく必要とされない業務が国際医療支援の現場ではほとんどだった。

ここで突然アメリカ軍の話が出てきたが、このエボラウイルス病対策活動においては、各国の軍組織の協力が非常に大きかった。アメリカ軍の中には感染症対策に特化したチームがあり、以前からアフリカのいろいろなところでアメリカ陸軍系のUSAMRIID（アメリカ陸軍感染症医学研究所）や海軍系のNA

ＭＲＵ（海軍医学研究ユニット）といった組織が活動していた。彼らの科学知識や技術、それをアフリカで展開する能力、軍ならではの迅速な意思決定による財源の執行と行動力は、対策活動のさまざまな場面でとても大きな機動力となった。

リベリアで活躍したアメリカ軍のほかにも、イギリス軍はシエラレオネという隣国の対策活動で中心的な役割を担ったし、中国人民解放軍の感染症対策チームは大規模な入院施設を突貫工事で現地に建造した。実はこのときの経験があったため、彼らは新型コロナウイルス感染症の流行がはじまったときの武漢で、巨大な臨時病棟を10日間という驚異的なスピードで建設することができている。

僕はアメリカ軍に所属していた専門家たちと馬が合ったので、リベリア滞在中はとても仲良くさせてもらい、頻繁に一緒に食事をしたり飲みに行ったりした。軍服を着て銃を携帯していてヘリコプターを操縦できる彼らが同じ感染症専門家だと当初は思えなかったが、話してみると意外と普通のひとたちだった。軍の組織における研究者の立ち位置、もう何年も会っていないという祖国にいる子どもたち、砂漠でのミッション中に見たバーミヤンの遺跡の美しさなどたくさんの興味深い話を聞かせてもらった。真偽は不明だけれど、某国での作戦中に生物兵器をつくる施設を見つけたので爆破してきたというエピソードを聞いたときはさすがに驚いた。まるで映画の中の話みたいだ。

ちなみに、アフリカでの対策活動中には北朝鮮から来た専門家と仕事をする機会もあった。彼ともふたりでビールを飲みにいくくらいの仲になり、何度か一緒に出掛けた。北朝鮮での暮らしや仕事、そして彼がもつ日本に対する考え方などを聞かせてもらい、いろいろ考えさせられたものだった。

コラム①

アフリカ紀行
ビールと白い粉の魔力

さて、この本を読んでいるあなたはどのくらいアフリカに馴染みがあるだろうか。実際に行ってみると、そこにはいろいろな驚きがある。このコラムでは、現地の文化の話を少ししてみよう。エボラウイルス病対策でリベリアに滞在していたときの話と、別の活動でそれ以外のアフリカの国に行ったときのエピソードが混在するがご容赦いただきたい。

ご存じのとおりアフリカの多くの国は、ヨーロッパ諸国が植民地化を行ったときに勝手に決めた境界を現在の国境としているところが多い。そのため、国の中ですら民族や言語などの文化圏と行政区が一致していないことがままある。僕たち外国人が地方に行って活動するときは、その街の市長や病院長に挨拶をするのはもちろん、その土地の「首長（キングと呼ばれていることも多い）」にも顔を見せにいく。キングという呼称からわかるように、彼らは代々その地域のリーダーとしてひとびとを束ねる役目を担っており、そして多くのひとから尊敬されている。選挙で選ばれる政治家とは別に、そのようなかたがたが存在しているのだ。そこで「よろしく」とか「頑張ってくれ」とか声をかけてもらえると、その地方での活動がとてもスムーズなものになる。

アフリカの多くの場所では、いまでも伝統的な衣装を着ているひとたちがたくさんいるのが印象的だ。それは日本人が和服を着ている割合よりもずっと高い。ナイジェリアの首都であるアブジャのような都心部であっても、半分くらいのひとは洋服ではなく伝統的な装いをしている。

ある日、「ユキ（僕のこと）もアフリカに来てしばらく経つんだから、着てみなよ。買って来てあげる。地味なのと派手なのどっちがいい？」と現地ナイジェリアの同僚に聞かれたので、「せっかくだから派手なやつをお願いします！」と伝えてプレゼントしてもらったことがある。さっそくつぎの日に意気揚々と着ていったら、みんなから「なんでガーナの服を着ているの？」と聞かれた。ナイジェリアにいるのにどうしてガーナの服をプレゼントしてくれたのかは、いまでも謎だ。

エボラウイルス病対策でリベリアに行ったとき、はじめにオリエンテーションがあったことを少し書いたと思う。そこでは、日常生活の注意点として「リベリアのビーチは波が荒いので泳がないように」ということを何度も念押しして伝えられた。

あまりに何度も言われるので、「押すなよ、絶対に押すなよ」というあのノリかと勘違いした僕は、ある休日にチームの仲間と何人かでビーチに泳ぎに行った。一見穏やかな海面だったが、水中は激流ですぐに足を取られ、体は回転し海底に何度も打ちつけられ、顔面アザだらけの状態で翌日に出勤したときはまぁまぁ怒られた。

　このとき一緒にビーチに行った友人の中で、筋骨隆々のデンマーク人だけが無

ダシキというアフリカの服を着て、現地保健当局トップのひとと対策プランを話し合う筆者

傷で帰還しており、「そういうことか」と僕は人生初のジムデビューをリベリアの地で果たした。はじめてジムに顔を出したとき、トレーナーのかたが僕の体つきを一目見てベンチプレスの器械のところに連れて行き、「これを挙げてごらん」とおもりのついていないバーだけをセットしてくれた。冗談だろうと思ってベンチに寝てそのバーをもち上げてみたが、身長１７３㎝、体重56kgしかなかった当時の僕は７回目あたりで腕が痺《しび》れてダウンした。恥ずかしい。みんな、こんな重い物にさらに何十kgのおもりをつけてトレーニングしているのか。そもそも、僕がバーすら挙げられないだろうことを一瞬で見抜いたトレーナーが凄《すご》い。

その後もジムに何回か通ったが、ひょろひょろの自分を鍛えようという気概はすでに紙くずと化していたので、トレッドミルやボートを漕ぐマシーンで軽く汗を流すのみだった。

外国に行くときの楽しみの一つは食事だ、というひとは多いだろう。僕もそうだ。アフリカといっても、たとえば主食としてはお米もパンもパスタもあり日本とそこまで変わらない。和食はなくても、探せば中華料理やインド料理のお店なら街に一つか二つはある。日本では見慣れないものとしては、フフがある。穀物を挽《ひ》いてお湯で練った、巨大な「そばがき」のような形状のもので、呼び方は国によっていろいろだ。穀物と書いたけれど、原料は小麦のこともあるし、芋やバナナのこともある。大きな塊となっているフフを手で小さくちぎって、それを使って肉や魚などの主菜を包み込むようにつかんで一緒に食べる。アフリカに滞在中は週に2〜3回はこれを食べていたので、いまでもときどき食べたくなる。

実は日本でもフフを提供しているレストランがいくつかあって、たまにひとりで訪れてはアフリカ出身の店員さんと談笑している。よかったら、ぜひ探して行ってみてほしい。ひょっとしたら、お客さんの中に僕がいるかもしれない。

ほかにも、ヤギの頭のぶつ切りとか、巨大なカタツムリの炒め物とか、ネズミの一種であるグラスカッターのグリルといったエキゾチックな料理もとてもおいしかった。グラスカッターは、ブッシュミートといって猟師さんが取ってくる野生の動物のお肉だ。食べているときにガリッと固いものが歯にあたって口から出してみるとショットガンの弾だったりする。

食べ物ではないけれど、東アフリカのある国に行ったときには、たまたま同席した南アフリカのひとたちから「よし、伝統競技をはじめるぞ。一緒にやろう」と誘われた。何をするんだろうと思ったら、スイカの種飛ばしの要領で、地面に落ちているインパラの糞をひろって口に含んで飛ばすというものだった。なんのためらいもなく参加したら、横にいた日本人の友だちはびっくりしていた。

お酒もおいしい。リベリアでは、「クラブ」という地元のメーカーが作っているビールが一番人気だ。ほどよい麦の風味を残しながらもさっぱりと仕上がっているこの味は、リベリアの気候にぴったりだった。この国では悲惨な内戦があった話を前に書いたが、戦争中にはどちらの勢力もクラブの工場だけは攻撃しなかったそうだ。この話を聞いたとき、お酒のもつ力と過酷な状況での人間臭さに僕はいたく感動して泣きそうになったが、一緒にこの話を聞いたWHOの同僚たちからは、一体何に感動しているのかとまったく理解されなかった。

現地の友だちに地元のバーに連れていってもらったこともある。そこで友人はこう頼んだ。「こいつは日本っていうここから30時間かかる遠い国からやってきたん

WHO 対策班のチームメンバーで飲み会。フランス人やパキスタン人など国籍はさまざま。看護師や会計士などバックグラウンドもさまざま

だ。この店で一番のアレを出してやってくれ」。そういうと、店中のひとたちが「そいつにアレを飲ますのか」とゲラゲラ笑いだした。出てきたのは、お皿に盛られた白い粉と、ウィスキーのロックグラスに入った少量の無色透明の液体だった。「これ、どうやって飲むの？」と聞いたところ、店員さんは白い粉に火をつけたあと、それにかぶせるようにグラスをひっくり返し、隙間からストローを差し込んだ。「さぁ、吸え」。とても甘い味がして、そのあとは頭がグラグラして一晩中吐き続けた。

あれが何だったのかは、いまだに知らない。知らないほうがいいやつかもしれない。ただ、いつもこんな風に現地での食事を楽しめるとは限らない。ひとりで地元のレストランに入ろうとして断られたり、席に着けたとしてもずっと無視されてしまうことだってある。日本の片田舎のそば屋に突然アフリカ人がやってくる状況を想像してみてほしい。必ず、とは言わないが、残念なことにそれなりの頻度で同じような扱いを受けるんだろうなと思う。町を歩けば、たくさんのひとにジロジロと見られる。陽気なひとからは、「おー、中国人？　日本人？　はじめて見た。一緒に写真を撮ろうぜ」と声を掛けられることもある。見たことのない肌の色や髪型をおもしろがって、たくさんの子どもたちが後ろからついてきたこともあった。とてもかわいかったのでそのまま連れて帰りたかったけれど、それではまるでハーメルンの笛吹き男か誘拐犯だ。

それぞれの野心

エボラウイルス病が大流行したとき、僕は流行の最後のほうまでリベリアに残ったので、復興活動にも携わることができた。エボラウイルス病以外のほとんどの診療活動が停止し、ドロップアウトしてしまった医療従事者も多かった中で、医療体制の立て直しを行ったのだ。世界銀行や各国の政府、篤志家などから多大な支援を頂戴し、僕のチームが担当した部分だけでも1億円くらいの予算がついた。

この金額を何に使おうか。ＰＣＲの機械を買う？　ワクチンを開発する？　……違う、そんなんじゃない。雨が降ると道路が水没して病院に行けなくなるから病院周りの道を舗装しよう。24時間電気の途切れない発電機を買おう。各保健所に1台ずつバイクを配備して検体の輸送や情報の伝達を少しでも効率化しよう——。そんなことを考えて実行するのが途上国での国際保健の現場なのだ。

ところで、このエボラウイルス病の大流行に対して、僕はＷＨＯから派遣されて現地で支援活動を行ったのだが、日本政府は何かしてくれたのだろうか。ニュースで知った

中国軍がサッカースタジアムの駐車場に建設した臨時の病院。「埃博拉」がきっとエボラをあらわしている

ところによると、政府は6000万円ほどの寄附をしてくれたそうだ。ありがたい。

……本当にそうだろうか。対策全体の予算が100億円を超える中で、世界トップレベルの経済規模を誇る国からの支出としては驚くほど少額だというのが僕の感想だ。そもそも、主に被災した3か国にひとをだれも派遣しなかったのは、先進国と呼ばれる国の中では日本だけだった。中国は何百人もの医療従事者を派遣して、簡易的な病院を設立して診療を行った。アメリカはリベリアの各州に疫学者を派遣して、サーベイランス活動（感染者数を集計するなど、流行の状況を把握するための活動）をサポートした。オランダは地方部に検査室を設置して、診断のためにPCR検査を行った。

派遣された場所や時期が違うので一緒に活動したわけではないけれど、僕のようにWHOだったりあるいは「国境なき医師団」に所属したりして現地に入った日本人は全部で20名ほどいたようだ。だが、日本政府から現地に派遣されたひとはいなかった。実は、エボラウイルス病流行対策のために日本政府がアフリカに派遣したというひとはいたらしいのだが、なぜか派遣先は被災国ではなく隣の隣の国であるガーナだった。そこからどんな支援をしたのか、現場にいた僕には何も見えなかった。ちなみに、被災国の中に入った僕らのような人間がいることを後日に知った彼は、「へぇ、知らなかった。私以外にも現場に日本人がいたんですね」と発言したらしい。ひとづてに聞いたエピソードなのでもし発言内容が事実と異なるのなら誠に申し訳ないが、言わせてもらえるなら、「お前は現場に来てないだろ」。

憎まれ口を叩いたけれど、日本政府として現地にひとを派遣できなかったのには仕方がない事情もあったようだ。万が一、政府から派遣された日本人がエボラウイルス病にかかってしまったらどうなるのだろうか。現地のかたがたを信頼していないようで恐縮なのだが、アフリカ外から来たひとがそのような事態になったときには、多くの場合、先進国に移動させて治療を行うことになる。これをメディカル・エバキュエーション

（医療的避難）という。僕のようなＷＨＯの外国人スタッフだと、ベルギーに搬送されることになっていた。政府から派遣された場合は、自国に運ぶことになるだろう。そういう緊急事態のためにも、多くの国は支援者としてそれぞれの国の軍組織とつながりのあるひとを派遣していた。いざというときの判断力と機動性に優れているからだ。

そして、それぞれの国の政府や軍組織は西アフリカのための支援という形を取りつつ、将来的に危険なウイルスのアウトブレイクが自国で起こった際の有事に備えるシミュレーション訓練として、経験を積みたかったという裏の目的もあっただろう。僕自身は日本の平和憲法を支持しているけれど、軍隊がないことのこんな影響はそれまで考えたことがなかった。

また、長引く流行のために手袋やガウンといった防護用品が不足する中で、日本政府は大量の医療用手袋を支援物資として送ってくれたそうだ。ありがたい。

……本当にそうだろうか。リベリアには舗装された道路はほとんどない、電車も走っていない。地方に物を運ぶには大変な手間と労力がかかるのだ。日本が送ってくれた手袋、ほとんどが空港近くの倉庫に積まれたままだったという噂を聞いている。

そして、ところどころに出てきたように、国際保健の現場は綺麗ごとだけではない。

某要人は、アウトブレイク中にどんどんと腕時計が華美なものになり、移動手段がバイクから中古車に、そしてハイヤーへとグレードアップしていった。バイクといえば、復興計画の中で各保健所にバイクを配備した話を少し前に書いたが、あのときに予算として計上されたバイクの見積もり、何度数えてみても保健所の数よりもちょっとだけ多い。邪推で申し訳ないが、どこかの担当者が私用で使う分を入れ込んだのかもしれない。予算案が通ってから実際にバイクが納品されるまで、「まだかまだか」とミーティングのたびにせっつかれた。

まぁ、僕だって似たようなものだ。ひとに誇れるようなことだけをしていたわけではない。現地のコミュニティに取り入るために意識して気を張って陽気で気前のいいキャラクターを演じていたけれど、心の中では悪態をついていたこともしょっちゅうだった。

対策活動の一環としてデータを眺めていると、研究者としては解析したくてうずうずしてくる。でも、以前に説明したとおり、アウトブレイクのデータはいま被害を受けているこの国のひとたちのものだ。僕はあくまでウイルス感染症やデータの活用に少し詳しい支援者としてこの国にきたのであって、研究をしにきたのではない。そんな自覚はあったのだけれど、対策活動の隙間時間を見つけては、少しずつデータを解析して論文の原稿を執筆していた。この悲惨なアウトブレイクは、下世話な話だけれど感染症専門家である僕にとってはチャンスでもあった。

ある日、対策会議のあとで現地組織のとても偉いひとと話す機会がたまたまできたので、「ちょっとデータを解析してみたら、こんな結果が得られたんですよね」とこっそり説明してみた。「素晴らしい、ぜひ論文にして発表しよう」と言ってもらえたので、「実はそのための原稿もすでにあるんです」と書き溜めていたものを送った。恐れていたとおり、「なんで俺たちのデータを外国人のあいつが論文化するんだ」という反発も一部から出てきたのだが、偉いひとのゴーサインがあったのでそのまま話を進めることができた。罪滅ぼしのような言い訳をさせてもらうと、実際に発表した論文では、論文作成に一番貢献したひとである第一著者も研究プロジェクトのリーダーを示す責任著者も、ほとんどの場合僕ではなく現地のかたの名前になっている。

実は、この強引な作戦は、僕のその後の活動にうまくつながっていった。2014年のエボラウイルス病大流行のあとにも、アフリカではエボラウイルス病のアウトブレイクが起こったし、ほかにも麻疹・黄熱病・エムポックス（サル痘）などいろいろな感染症が流行した。そのたびに、「ユキはどこだ。あいつの対策活動は結構役に立つし、しかも俺たちの名前をちゃんと入れて論文を書いてくれる」と名前があがったそうで、実際に何度か呼んでもらった。

そして現地の担当者たちと数年の間をあけて会うたびに、「ユキはやっぱりシーズナルだな」と言ってみんなで笑う。僕は自己紹介をするときにいつも、「ユキは日本語で【雪】の意味があるんですよ」と説明している。西アフリカに雪は降らないけれど、それが冬という特定の季節だけのものだということはみんな知っている。シーズナル（Seasonal）の直訳は「季節性」。そしてシーズナルという言葉は、「旬のおすすめ、特定の時季においしくなるもの」みたいな意味合いでレストランで使われたりも

ある対策活動で指名を受けて招集されたときの現地保健当局での集合写真（中央が筆者）。アフリカ外から呼ばれた唯一のコンサルタントだった

する。

感染症が流行しているという特定のときだけみんなが会いたいと思ってくれて、そして僕があらわれる。だから、「ユキはシーズナル」なのだ。僕はアフリカを愛しているけれど、それだけではなく「データを解析したい」という下心ももっている。そんなこともみんなちゃんとわかったうえで、迎え入れてくれる。僕は、現地のかたがたとそんな不思議な関係性を築いていった。

暗闇を抜けて

前節では、感染症対策の現場が綺麗ごとだけではないことを書いた。ただ、だれもがこの感染症を終息させたい、ひとりでも犠牲者を少なくしたいと思って動いていたことは事実だ。賄賂《わいろ》のようなものも、それが目的なのではなく、立場が上がることのインセンティブとしてこの国の文化なのだろう。違う価値観のもとに生きるひとびとが同じ目標をもって活動するさまは、僕には美しくすら感じられた。

ひょっとしたらエボラウイルス病の流行は制御しきれずにこの土地に定着してしまい

長期的に人口を蝕んでいくのではと、悲観的な想像をしたこともある。実際には、最終的に1年半ほどで終息を迎えた。一般市民も含め、対策に携わっただれもがヒーローだった。

地域のひとたちにエボラウイルス病について伝える活動が行われたことを、ここまでに説明した。そして、そのような啓蒙活動が国連機関のかかげる「四つの対策活動の柱」の一つだったことも述べたと思う。これを、英語ではソーシャル・モービライゼーションと言う。直訳すると、「社会の動員」だ。つまり、啓蒙活動はあくまで手段であり、その結果として、行政も医療従事者も地域の住民も、社会を構成するメンバーのみんなが、自分ごととして感染症の流行を止めるためにできることを考え実行していくことこそが対策活動なのだ。そして、この国はそれを達成した。

ただし、流行が終わったからといって、「めでたしめでたし」と簡単にはいかない。何より多くのかたが亡くなったし、残されたひとびともひどく傷ついていた。流行のさなか、感染がひろがらないように感染者や濃厚接触者に対して隔離が行われた。それは間違いなく流行の制御に必要なことだったけれど、「自分の親やパートナー、あるいは子どもの具合いが悪いとき、ひょっとしたら死ぬかもしれないときに、そばにいてあげられないなんて」とたくさんのひとが悲しみに暮れた。

２０１４年の大流行はエボラウイルスの中でも特に病原性の高いザイール株というタイプによって引き起こされたので、エボラウイルス病にかかってしまうとかなりの高確率で命を落とす。それでも、幸運なことに助かるかたもいる。そのひとたちに対してですら、「よかったですね」なんて簡単には言えないのだ。ＰＣＲ検査が陰性になったとしても、そのひとがウイルスをもっていないとだれが保証できるのか。病気が治って退院したあと、「もう村に戻ってくるな」と言われたひとが大勢いた。戻ってこられたとしても、感染を恐れてだれも近くに寄ってこない。もう、だれかと一緒に食事をすることも、だれかと一緒に寝ることもない。一生ひとりで生きていく人生が待っている。

このような差別を「スティグマ」という。リベリアでは流行が終息したあとでも、「STOP STIGMATIZATION! I AM A LIBERIAN, NOT AN EBOLA VIRUS（差別をやめてくれ！　僕は同じ国の仲間だ、ウイルスじゃない）」という標語の書かれたポスターをあちこちで見かけた。この国では、エボラウイルス病にかかったひとも、その家族も、そうでないひとも、だれもが苦しんだ。流行中は、この暗闇からいつ抜け出せるのかもわからなかった。車の中で、ホテルで、レストランで、街中のいたるところでボブ・マーリーの「Everything's gonna be alright（いつかはきっとうまくいくさ）」が流れていた。

公衆衛生的観点からの途上国での感染症対策とは、内科診療のようなものだと僕は考えている。日常の診療において、病気をよくするために糖尿病の薬を使うことがある、抗菌薬を処方することがある。ただ、それがないと絶対によくならないのかというと、必ずしもそうではない。運動や食事といった生活習慣を変えるだけで血糖値が下がることがあるし、自分自身の免疫反応で細菌感染症から回復することだってありえる。ただ、それを後押しするような薬の処方はとても助けになるだろう。

途上国で起こった感染症のアウトブレイクという自然災害も、きっと彼らの力で十分によくすることができる。僕らは、それをそっと後押しする。うまくいけば少しだけ早く解決に向かうかもしれない。そのくらいのスタンスが、僕が思う国際支援の姿だ。

ちなみにエボラウイルス病の流行終息後に日本に戻るとき、関係各所が手配してくれて僕はビジネスクラスに搭乗することができた。はじめての経験だ。席に着くとまずシャンパンを渡され、つぎにいろいろなチーズが盛られたお皿をもったキャビンアテンダントのかたがやってきた。「どれになさいますか？」。周りのひとたちが格好よく「僕はスティルトンを」とか「私はエダム」などと答える中、チーズの種類なんてまったくわからなかった僕は指さしで適当に選ぶことしかできなかった。感染症対策の専門家だって、一歩外に出れば知らないことばかりだ。国際人にはいろいろな教養が求められるのだな、などと思いながら僕は帰路に就いた。

コラム②

僕の研究紹介

イグノーベル賞候補のサンタクロース研究

医学研究というと、病気になる仕組みの解明や新しい薬の開発が花形だと思う。僕も研究者として細胞とウイルスを使った科学実験を日々行っており、病気が起こるメカニズムについて調べている。さらにほかにも、感染症がひろがっていくダイナミクスを理解するための数理モデル研究、公衆衛生に関するビッグデータを扱う統計研究、遺伝子の進化についてコンピュータ解析をするインフォマティクス（情報学）研究などを行っている。ここでは、そんな研究の一部を紹介してみよう。

まずは、一つ目。感染症がひとからひとに伝播していく様子は、さまざまな数理モデルやシミュレーションであらわすことができる。中でも、微分方程式を用いる「SIRモデル」は、新型コロナウイルス感染症の流行対策に活用されて有名になったので聞いたことがあるかもしれない（コラム⑤〔188頁〕を参照）。数理モデルやシミュレーションを応用すると、箱庭

サンタクロース研究の結果について真顔で発表している筆者

をつくってその中で感染症がひろがる様子を再現することができる。これを使って、この本を読んでいるあなたならどんな研究をしてみようと考えるだろうか。

僕は、サンタクロースが感染症にかかっている状態でプレゼントを配ったときに、そのインパクトがどのくらいになるのかを数理モデルで研究してみた。おもしろいことに、サンタさんからプレゼントをもらえる子どもはどのくらいの割合なのか、といった過去の研究があることもわかり、それらのデータを使いながら計算を進めた。

サンタさんがプレゼントを配る際に病気を直接うつしてしまう人数だけでなく、そのあとにその子たちから周りの家族や友だちに病気がうつり感染がひろがっていくことまでも考慮してシミュレーションを行った。インフルエンザを想定した場合、病気のサンタさんが襲来すると確かに感染者の総数は増える。けれども、インフルエンザはそもそも毎シーズンのように人口の10〜30％が罹患してしまうほどの大きな流行を引き起こす感染症だ。その規模と比べてみると、サンタさんの影響は２％程度の増加という、意外にわずかなものだった。

つぎに、麻疹を想定して計算を走らせてみた。麻疹のワクチン接種率が85％といまの日本よりいくぶん低いくらいだと病気のサンタさんによって高確率で大流行が引き起こされてしまうものの、ワクチン接種率が95％と十分に高ければ、麻疹にかかっているサンタさんがやって来ても局所的な感染伝播のみで流行がすぐに終息することがわかった。

この研究、ふざけているように見えるし本当にふざけているのだけれど、サンタクロースという「短期間に非常にたくさんのひとと接する異常なまでに〝社交的〟なひと」がいたとして、それが公衆衛生に与える影響を定量化したということが評

実際のサンタクロース論文。タイトルは「サンタが風邪をひくとどうなるの？：感染症の流行に与える影響について」

価され、きちんとした国際医学誌に論文が掲載された。なんとイグノーベル賞の候補にもノミネートされたのだが、残念ながら受賞には至らなかった。

つぎに、二つ目の研究紹介。Neglected Tropical Diseases（NTD、顧みられない熱帯病）という言葉を聞いたことがあるだろうか。主に熱帯地方でみられる風土病で、多くの先進国が位置する温帯地方では問題となっていないために対策があまり進んでいない疾患を指す言葉だ。WHOなどがこのような病気のリストを公開していて、さらなる対策の必要性を訴えている。医学の世界では結構有名なリストなので、「NT

Dを知っていますか?」と僕の周りに尋ねてみると、多くのひとが「知っています」と答える。あれ、それはつまりNeglect(無視)されていないっていうことでは?

そこで、NTDは本当に注目されておらず対策が不十分なのかどうかを調べてみることにした。そうはいっても、もし困っているひとがほとんどいないのであれば注目度が下がるのも当然だ。まずはそれぞれの疾患がひとびとの健康をどれだけ損ねているのかを「DALY」(障害調整生存年 Disability-adjusted Life Year)と呼ばれる指標で評価することにした。

病気のインパクトを測るには、死亡者の数が一番わかりやすいと思う。けれども、80歳のひとが亡くなるよりも10歳の子どもが亡くなることのほうが、経済的な意味でも心理的な意味でも損失は大きいだろう。たとえ死亡しなくても、病気になって働けない状態になってしまったら、それも大きな痛手だ。そのあたりを加味してさまざまな病気のインパクトを定量化したものがDALYだ。

疾患が無視されているのかどうかはどうやって測ろうか。これに関しては、それぞれの病気に関する論文がどれだけ出版されているのかを数え上げることで、研究者からの注目度を測る指標とした。そして、さまざまな感染症においてDALYに応じて十分な論文が出ているのかどうかを解析することで、相対的な注目度ランキングを作成したのだ。

このランキングから、過度に注目されている疾患はインフルエンザとエイズ、研究の足りていない無視されている疾患はパラチフスと破傷風という病気だということがわかった。パラチフスも破傷風もNTDではない。NTDと呼ばれる疾患は、このランキングの中で上位から下位まである程度散らばっていた。確かにどちらかというと研究の足りていないものもあったけれど、熱帯地方の風土病であっても、日本やアメリカなどそれ以外の地域の研究者が資源を投入することによって十分な研究量が担保されているものもあった。つまり、「やや偏ってはいるものの、感染症研究の観点から見てみると、思ったよりも世界は愛に満ちているな」という結論が導かれた。

最後に三つ目として、僕のダメダメな研究成果について恥を忍んで紹介しよう。

細胞やウイルスが複製するときには、わずかではあるが一定の確率で遺伝子に変異が生じる。そして、特に有利ではなくても有害なものでなければ、その遺伝子変異は集団中に偶然性のもとに蓄積されていくことがある。これは太田朋子博士が提唱した概念で、「ほぼ中立説」と呼ばれている。

少し難しい話になるが、遺伝子上の変異は同じ生物種であれば複製の頻度に比例して生じるし、その生物種が世代を経ても生物学的な仕組みが大きく変わらないのであれば、複製の頻度は時間経過に比例する。すると、遺伝子にある変異の数は時間経過に比例することになり、変異の数を調べるとそれらがどのくらいの時間で蓄積してきたものなのかを検討することができる。この概念を分子時計と呼ぶ。

この考え方は昔から知られていたのだが、ここ10～20年ほどでその計算方法が洗練され、さらにコンピュータの処理速度の向上がその実行を可能にした。さて、ウイルス学者である僕は、それを用いてどんな解析をしてみようかと考えた。

科学が成し遂げた最高の成果の一つとして、天然痘の撲滅があげられると思う。つぎの目標として、麻疹とポリオの地域的な排除、そして最終的には根絶を世界は目指している。数ある感染症の中で、どうしてこれらが根絶を目指す対象となったのだろうか。一つ目の理由はもちろん有効性の非常に高いワクチンがあること。二つ目に、原因となるウイルスを人間以外の動物が保持していないことがあげられる。

とはいえ、こういったウイルスだってもともとはどこか違うところから人間の世界にやってきたはずだ。麻疹に関しては、リンダーペストウイルスという牛に感染するウイルスが牧畜の過程でひとに接触して適応した結果、ひとにのみ感染する麻疹ウイルスになったと考えられている。それがいつごろ起こったものなのかを分子時計で計ってみることにした。

計算の結果、麻疹ウイルスの起源は紀元後11世紀ごろだとわかり、僕はその成果を２０１０年に論文として発表した。いまはひとにしか感染しないウイルスが、千年前に動物からやってきたものだと思うとおもしろい。

ところがその後に分子時計の研究が進み、二つの注意事項が言われるようになってきた。

一つは、ある特定の限られた期間に採取されたウイルスの検体数が極端に多いなど、偏ったデータを参考に分子時計を設計してしまうと、時間あたりに起こりうる変異の数を実際よりも多く想定してしまい、結果として進化の時間を早く見積もってしまうということ。

もう一つは、長い時間にわたる進化の過程では、「負の選択」と呼ばれる進化メカニズムの働きによって変異の蓄積が予想よりも少なくなるため、遠い昔に分岐したであろう異なる生物種を比較するのに固定の分子時計は使えないということだ。これらのことを考慮して計算をやり直すと、麻疹ウイルスの起源は紀元前6世紀ごろだろうということが、ドイツの研究チームによって2020年に発表された。

いまでは、麻疹ウイルスの起源に関する僕の論文は、「このように分子時計を用いてはいけない」という悪い例でよく引き合いに出されるようになり、自身の研究業績の中でダントツの被引用回数を誇っている。一般に、被引用回数の多い論文は科学界にインパクトを与えたよい研究だとみなされるのだが、ダメな例として引用され続けるのはとても珍しいパターンだ。

第2章

〝中2病〟の医学生・研修医

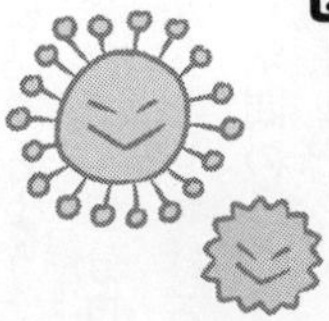

こじらせ医学生

僕が感染症対策や国際保健に携わるようになったはじまりの話をしよう。幼いころから知らないことを調べるのが大好きだった僕は、成長するにつれて「自分自身を知りたい」と考えるようになっていった。自分がなぜ生きているのか、なぜ動けるのか、なぜ考えられるのか。ひょっとすると歴史も哲学も物理も数学も、学問の多くは同じ問いなのかもしれないが、僕は答えを生物学に求めた。そして自分の知的好奇心を満たしながらも社会に何かしらを還元できる仕事に就くことができたらいいなと考え、大学は医学部に進学することにした。

さて、医学生になってみたものの、僕は大学であまりクラスに馴染めなかった。大学の外に居場所を求め、バイトや音楽活動ばかりしていた。バイトは大学生として定番の塾講師や、ほかにもコンビニ・飲食店・ビール工場・引越し業者などいろいろなものを経験した。人前で話す自信がついたり、お酒に詳しくなったり、自分が引越しをするときに梱包がうまくなったりと、その後の人生に少し役立っているような気がする。

音楽に関しては、レストランやクルーズ船でBGMを演奏する仕事をしたり、バンドマンとしてインディーズでCDをリリースしてツアーで各地をまわったり、さらに深夜テレビや地元のラジオ番組に出演したりするなどしていた。実は、音楽経験も結構役に立つ。お店や車内などで音楽が流れているときに自然と「タテノリ」していると、どこの国に行っても「音楽が好きなの？」と声をかけられ、周りのひとと早く打ち解けることができた。

大学で周囲とあまり馴染めないことに不安もあったけれど、幸い大きなトラブルなく過ごすことができた。「俺はほかのひととは違うんだ」とごりごりの〝中2病〟感を漂わせていた僕に対して、クラスメイトはほどよい距離感で接してくれて、試験の過去問題を見せてもらえる程度には友人もいた。きゃぴきゃぴしている周りを見て「子どもっぽいな」などと思っていた僕なんかよりも、彼

弾き語りの路上ライブをする学生時代の筆者。スカしていた

らのほうがよっぽど大人だったのかもしれない。

大学生にもかかわらず順調に中2病をこじらせ続けた僕は、「ひととは違う自分になりたい」と思ったのだが、それは難しいので、逆に「自分の周りの環境を変えてみよう」と思い立った。そして、医学部にいた僕の一つの選択肢として、患者さんの診療をする臨床ではなく、まだ世界のだれも知らない真実を追究する研究の世界をぼんやりと考えはじめた。大学で講義をしてくれた研究者の先生たちの「私はこの研究で世界と闘ってきた」という姿勢も、スケールが大きく格好よく感じられた。だって中2病だったんだもの。

じゃあ、何を研究しようか。医学と一括《くく》りになっていても、中に入ってみると広大なフィールドだ。がん・アレルギー・外傷・精神疾患などなど。その中でも、感染症の「病原体という悪者がいて、それと闘う免疫システムや抗生物質がある。倒したら勝ち」という単純な勧善懲悪ストーリーが僕は特に気に入った。まぁ、実際はそこまで単純な話ではないとあとになって知ったが。近代医学の発展とともに「感染症は過去の病気だ」とする風潮もあったけれど、だからこそ、感染症で命を落とすことは許せないと僕は思った。

ちょうどそのころ、SARSアウトブレイク対応の際にWHOで陣頭指揮を執った押《おし》谷仁《たにひとし》先生が、僕が通っていた東北大学に教授として赴任されてきた。押谷先生の話す、「世界を相手に闘う」のではなく「世界とともに世界を変えるために闘う」姿に感銘を受けた。僕が高校生のときに、国境なき医師団がノーベル平和賞を受賞しているのだが、当時ニュースを見てそのような活動に憧れたこともぼんやりと思い出された。なんだかぼんやりしてばかりだが、「赴任してきたばかりの押谷先生の一番はじめの弟子になれば手柄を総取りだな」といういやらしいこともちゃっかり考えていた。そんな下心を隠しつつ、僕は押谷研究室に参加することにした。

押谷先生と知り合ったころ（写真左が押谷先生、右が筆者）。一緒にスキー旅行に行き、山小屋に泊まって鍋をつついた

そうだ。フィリピン、行こう。

押谷研究室がはじめようとしていた研究は、フィリピンをフィールドとして主に二つの目

的があった。一つ目は、子どもたちの肺炎の原因となる細菌やウイルスの種類を明らかにすること。二つ目はそのマネジメント方法を提案することだ。海外で研究をするのは「周りの環境を変えてみよう」という僕の当初の目論見ともうまく合致したため、僕は大学を休学して「そうだ。フィリピン、行こう」と旅立った。

ちなみにフィリピンでは、過去にアメリカの植民地だったことからいまでも公用語の一つとして英語が使われている。海外を転々としてきたという話を僕が日本でですると、「どうやって英語を勉強したんですか」と質問されることも多い。実は、僕は12歳まで香港で育った。当時の香港もリベリアやフィリピンと同じく歴史的な理由で英語をしゃべるところだったので、現地に行くのに言葉の壁はあまり問題にならなかったのだ。これはかなりラッキーだったけれど、とはいえ英語の〝勘〟を取り戻してさらに現地のアクセントに慣れるまではそれなりに苦労もあった。

さて一つ目の研究に関して、当時のフィリピンでは肺炎など呼吸器感染症の病原体を調べるサーベイランスが、ペトリ皿のうえで微生物を増やすことで原因を突き止める「細菌分離」という昔ながらの手法で行われていた。しかしながら、それだとウイルスを見つけられない。インフルエンザウイルスやRSウイルスなど風邪のような症状を引き起こし、ときには肺炎の原因にもなるウイルスの多くは、日本やアメリカといった温帯地方だと冬季に流行する。でも熱帯地方のフィリピンには冬がない。そもそもこれらのウイルスがフィリピンにいるのか、といったこともよくわかっていなかった。

肺炎患者の検体は国立の感染症研究機関がフィリピン全土から収集していたので、僕たちはそこに含まれている病源体について調べてみようとＰＣＲや遺伝子解析のための機械をもって意気揚々と乗り込んでいった。ここで最初の試練が訪れる。僕たち日本の研究チーム以外にアメリカとオーストラリアからも同様の共同研究をフィリピン側は提案されていて、どこに解析を依頼するかはまだ決まっていないというのだ。

押谷先生をはじめ上層部のひとたちで交渉がはじまったが、

研究を行ったフィリピン郊外の小さな島。当時は雄大な自然がひろがる無医村だったが、いまは少しずつ発展してきているらしい

何者でもない23歳の僕にできることはなく、ただただ暇をもて余した。そこで、なぜか近くのスーパーでルービックキューブを買ってきて、オフィスでも寮でもその特訓に明け暮れた。その後、日本に戻ってからも病院の待合室や居酒屋などでぽつんと放置されているルービックキューブを完成させると人気者になれるという事案が頻繁に発生しており、いまから振り返ってみるとお得な特技を手に入れた有意義なフィリピン滞在だった。

そして二つ目の研究についても一筋縄ではいかなかった。フィリピンの地方部のように検査や治療の選択肢が限られており、そもそも医者がいないかもしれない地域においては、保健師や助産師など医者以外のひとが薬を処方することがある。患者さんがなけなしのお金と時間をかけて遠くの地域まで行って病院を受診すべきかどうかを判断するのも、それぞれの村にいる保健師や助産師のかたの仕事だ。そのような意思決定を補助するための判断基準が、WHOが作成したガイドラインに記載されてはいるのだが、科学的エビデンスというよりは経験や慣習にもとづいて書かれている部分も多く、僕らはこれを補強あるいは改善するためのデータ収集や解析を行うことにした。

そのためには、まず、熱帯地方途上国の郊外地域にはどのような病気があり、どのようなひとがそれに罹患していて、そしてどの程度の割合で重症化するのかを調べる必要がある。研究は、協力してくれる病院やコミュニティを探すところからはじまった。得体の知れない日本人がいきなり「あなたたちを調べさせてくれ」と言っても、すぐに同意を得られるものではない。一緒に研究を行う現地の研究者とともに、やはり地道な交渉を続けていく。その過程では、実際にこのような活動に関わらないと見えてこないことがたくさんあった。

たとえば、当時のフィリピンは健康保険の制度が立ち上がりはじめたころで、国民の医療へのアクセスは十分とは言えなかった。そのような状況の中で「この研究に参加すればレントゲン写真を撮ってもらえて、病原体の検査もしてもらえる」となると、地域のかたにとってもいいことのように聞こえるのだが、ことはそう単純ではない。現地の医療レベルを超えた診療が研究活動によって提供されてしまうと、患者は研究への参加を拒否することが難しくなる。研究に参加しなかったひとや研究の対象とならなかったひとたちが明らかに不利であり、インフォームド・コンセントがフェアなものではなくなってしまうのだ。

このような点についても落としどころを探りながら話し合いを進めていった。そんな紆《う》余《よ》曲折があり、一つ目の研究も二つ目の研究も、実際に検体やデータの収集がはじまって軌道に乗るまで1年くらいかかった。その間はほとんどすることがなかったので、はじめの1年の僕の成果物はルービックキューブを完成させる能力の習得に加えて、押谷研究室のロゴマークをデザインしたことくらいだった。ちなみに、このロゴマークはいまでも使ってもらっている。

幸い、どちらのプロジェクトも2年目からは順調に動き出した。僕は頻繁にフィリピンを訪れて、首都圏にある研究所で現地のかたと肩を並べて実験をしたり、ときには舗装されていない道路を丸2日かけてドライブして地方に行ったり、飛行機や船を乗り継いで電気や水道がほとんど通っていないような島を訪ねたりした。大雨が降って橋が崩れてしまっていたときは、渡し船に助けてもらったけれど結局ひっくり返ってしまい、泥だらけの格好でその後のフィールド調査に出掛けたなんてこともあった。

クリスマスには地元のパーティーに参加させてもらい出し物を披露して、サンタクロ

筆者がデザインした押谷研究室のロゴマーク。波紋が「感染症」という研究対象を、聴診器が「患者さんのための研究を」という志をあらわしている

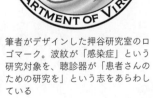

崩れた橋の横で営業していた渡し船。この状況をビジネスチャンスと捉えられるのはすごい

ースの格好をしてちょっとしたプレゼントを配りながら研究に協力してくれているコミュニティを歩いてまわった。

肝心の研究のほうはというと、1年間で3本の論文を発表することができた。東北大学には医学部を卒業する前に博士号を取得できるMD－PhDコースという制度があるため、これを利用して博士号の申請を行ったが、「(準備の1年間を含めた)2年の研究経験ではやれない」と冷たくあしらわれた。仕方がないのでもう1年かけてさらに研究を進め、計3年間で合計9本の論文を書いた。これを提出したところ無事に博士号を頂戴することができ、結果として高卒の博士が誕生した。

博士号が授与される式典では光栄なことに代表者に選ばれ、壇上に上がることになった。東北大学にはさまざまな学部や大学院があり、式典にはその卒業生や保護者が集まる。全部で1万人以上いたのではないだろうか。1万人の前に立つ機会なんて人生でそうそうない。僕は、何かをしなければという義務感を勝手に感じていた。中2病はまだ治っていなかった。

はじめに思いついたのは、総長の前を一度素通りしてムーンウォークでバックするというアイディアだ。僕は、寝る間を惜しんで1か月ほどムーンウォークを練習した。何となく形になって臨んだリハーサルで、衝撃の事実が判明する。「各学部や大学院の卒業生も同時に壇上にあがるのか。となると、バックするとぶつかる……」

僕は作戦を変更し、大きなアフロのかつらをかぶり、そして博士号の証書を受け取ると同時にかつらを取ってお辞儀をすることにした。そして式典の当日、満を持してそれを実行したところ、会場はざわざわした。笑いはほとんど起こらなかった。……なにこれ超恥ずかしい。

おそらく、アフロがかなり似合ってしまったことが問題だったのだと思う。ちなみに、その夜の繁華街ではあちこちで卒業パーティーが開かれていて、面識のないたくさんのひとたちから「アフロかぶってたひとですよね」と声をかけてもらえた。よかった、少しはやった甲斐があった。

　さて話は戻って、フィリピンで行った研究によって博士号を取得することができたわけだが、それと同じかそれ以上に、一連の経験を通じて世界にはまだまだチャレンジングな環境があると改めて知ることができたのは僕にとって大きな転換点だった。僕たちが研究を行った地域では子どもの25％が低栄養状態で、小児肺炎の致死率は日本の10倍以上にも達する。そもそも入院できる医療施設は一番近くても車で数時間かかる。そうやって辿《たど》り着いた病院でも医療資源は非常に乏しく、一つのベッドに複数の子どもが横になっていて、ＩＣＵ（集中治療室）と一般病棟の違いは酸素ボンベが置いてあるかどうかだけだった。日本だと、ＩＣＵのある病院なら地方のどんな小さなところでも人工呼吸器や精密点滴の

式典のときにかぶったアフロ。チキンなので、恥じらいと緊張を捨てるべくかなりお酒を飲んでから会場へと向かった

機械が設置されている。フィリピンでは、それがない。

小さな子どもの口元に、彼らを抱きかかえるお母さんによって酸素マスクが当てられる。もしそのお母さんが疲れて眠ってしまったら、マスクが外れて酸素の行き届かなくなった子どもの命はそこで終わりだ。「感染症は過去の病気だとする風潮」がいかに先進国目線であったのか、ここで衝撃を受けたことが、僕のその後の生き方や考え方を変えていく。

きらきらおっさん研修医

音楽活動をしたりフィリピンで研究を行ったりと地に足をつけずにふらふらした結果、僕は9年かけて医学部を卒業した。当時の東北大学医学部では、6年生になると秋の卒業試験までの間に何をするかかなり選択の自由があった。多くの同級生はそのまま大学病院で実習をしたり、あるいは各地をまわりながら病院見学行脚をしたりしていた。僕はまず押谷先生の研究室で研究生をして、つぎに大学病院の小児科で実習をして、そしてアメリカに行って国立衛生研究所（ＮＩＨ）でインフルエンザワクチン開発の現場を見学して、つまりはモラトリアムを満喫しながら最終学年の半年間を過ごした。

そして、医学部６年生といえばマッチングと呼ばれる研修病院探しだ。研修しなければいけない診療科がかなり細かく決められていたスーパーローテートと呼ばれる制度から、内科・救急科・地域医療などいくつかの必修科を選択すればあとは自由にしてよいという仕組みにちょうど変わったころだった。生意気なことに日本学生支援機構の優秀学生顕彰大賞に選ばれたりテレビに出たり飲み屋でピアノを弾いたりするなどスカした大学生として少し顔が割れてしまっていた僕は、心機一転して学生時代を過ごした東北地方を離れようと思い、関東の病院を中心に研修先を探した。

ウイルス疾患に興味があり、もともと子どもが好きだったので、感染症に強くて小児科を半年以上研修できる５つの病院に出願した結果、研修先は千葉県の成田赤十字病院に決定した。僕は周りより年を重ねていたし、面接の受け答えも得意ではなく、正直に言うと自分が提出した希望先の中ではあまり順位の高くない病院だった。それでも、小児科ベッドが60床くらいあって常勤の小児科医が15人ほどいるという成田赤十字病院は地域の小児医療の中核となっていて、研修先として申し分のない環境だった。

現在は国際医療福祉大学成田病院や成田富里徳洲会病院のある医療圏だが、僕が研修を行ったのはそれらの病院が建つ前のときで、平均的な市中病院よりもずっと多くの症例が成田赤十字病院に集まっていた。週に1~2回の当直で眠れることはほとんどなく、救急車は病院の外で文字どおり列をなし、救急外来には受診待ちの夜間急患のカルテが常に積み重なっていた。まだカルテが電子化されていないころの話だ。当直でないのにたまたま遅くまで残っていたり夜に用事がなくて勉強のために研修医室にいたりした同期が、「手伝うよ」といくつかのカルテを捌いてくれる、そんな病院だった。

医者を含めたくさんの医療従事者や非医療従事者のスタッフが、ご家族、そして患

研修医のときの同期たちと（後列左端が筆者）。10年以上経ったいまでも毎年のようにみんなで集まるくらい仲良し

者さん本人とともに「病気をよくしたい」という共通の目標に向かう臨床という仕事は、掛け値なしでとてもやりがいがあり、楽しく充実した日々だった。エビデンスにもとづくガイドライン、負担を軽減しつつ質を高めるチーム医療、どこでもだれでも医療のアクセスが制限されない国民皆保険制度など、日本は世界でも類をみない医療先進国だ。僕がフィリピンで経験してきた環境とは大きく異なる。医療者のだれかひとりが欠けてもきっと患者さんの不利益はそこまで大きくならないこのシステムはとても素晴らしいのだが、不遜で天邪鬼《あまのじゃく》な僕は「これは自分にしかできない仕事なのだろうか」と考えるようになっていった。

さて、話は少し戻って医学生のとき、僕は国内で臨床研修をするためのマッチングに参加すると同時に、海外のいくつかの研究室に対して「研究員として働かせてくれないか」と問い合わせのメールを送っていた。論文を読んで興味をもった10個くらいの研究室になんのツテもなく連絡を取り、そのうちいくつかの研究室から「来てもいいですよ」とオファーを頂戴した（コラム③〔120頁〕を参照）。病院での研修がはじまってしばらく経ってからのことだ。

さんざん悩み、事務のかたに迷惑をかけ、周りの医者から「ありえない」と言われたりしながらも、僕は研究者として海外へと移る決断をした。日本を離れるときには、それまでに一緒に働いた先輩や後輩の医師、そして看護師さんなど多くのひとたちから、合計で色紙5枚にもおよぶ寄せ書きをもらった。「古瀬の人望だよ」と言われたけれど、それだけの寄せ書きをお願いして集められる同期のみんなの人徳だったんだと思う。その優しさに感動して目から流れるしょっぱい汗を拭きながら、今度はアメリカへと旅立った。

第3章 全米デビュー

メジャーの打席でバット振り

28歳でアメリカに渡った僕は、ノースカロライナ州にあるデューク大学医療センターで、ポスドク（博士研究員。コラム③を参照）として2年ほどウイルス学や細菌学の基礎研究を行った。バスケットボールのチームが強いことで有名な大学なので、名前を聞いたことがあるひともいるかもしれない。

ノースという名前からニューヨークやボストンのように北部にあると思われがちだが、アメリカ南部の州だ。「どの辺りにあるの？」とひとに聞かれたときは、「アメリカの東側でニューヨークが札幌、ワシントンＤＣが仙台、アトランタが大阪、マイアミが那覇だとしたら、静岡にいた感じ」と答えている。……絶妙にわかりにくい。州の観光地はライト兄弟がはじめて飛行機を飛ばした丘とアメリカで一番大きい個人の邸宅くらいしかない、のどかなところだった。

アメリカで研究をしようと思ったのには、三つの理由があった。一つ目は、海外の第一線の研究室を体験してみたかったこと。『Nature』や『Science』といった世界的に有名ないわゆる一流誌に論文を掲載する研究室にはどんな設備や機械があって、どんなひとたちが、どんな働き方をして、どんなディスカッションが交わされているのかを見て、そして盗んでみたいと思った。

二つ目の理由は、日本やフィリピンでそれまでに行ったのとは別の研究分野に挑戦してみたかったからだ。実は、僕は国内の若手研究者の中では少し目立つ程度に業績があった。とはいえ先ほど名前をあげたような一流誌に論文が掲載されたことはなかったし、このまま日本で研究職に就いても、おそらくはそれまでの技術や経験を活かした、悪くいえば惰性で進められるような研究テーマを期待されてしまうのだろうなという、研究者として成長できなくなることへの不安があった。自分のことをだれも知らないところで、何者でもない状態でゼロから挑戦してみようと考えたわけだ。

三つ目は、やってみたいと思っていた研究に、試料中に存在しているDNA分子の配列と量を網羅的に解析できる「次世代シーケンサー」という特殊な機械が必要だったことだ。いまではいろいろな研究施設に設置されていて、たとえ手元になくても外部の機関に依頼して次世代シーケンサーを使った実験データを簡単に得ることができる。だが、当時の日本ではまだまだ限られた施設にしかなく、ウイルス学や細菌学といったマイナーな研究分野の研究者に使わせてもらえる代物ではなかった。

僕が所属した研究室は、アメリカの大学の研究室の規模としては中くらいだった。ボス（イギリス人）・事務員ひとり（アメリカ人）・実験補助員ふたり（アメリカ人×2）・僕を含めてポスドク5人（アメリカ人×2、コロンビア人、イスラエル人、日本人）・大学院生3人（アメリカ人×2、中国人）・学部生ふたり（アメリカ人×2）という体制だった。

アメリカでの研究者の働き方というと、みんながワークライフバランスを大事にしていて午後4時ごろには帰宅して週末は働かない、という話を渡米する前はよく聞いた。ところが僕が所属した研究室はボスがかなり厳しいことで有名で、アメリカ人が中心の研究室だったが多くのひとは午後7時くらいまで働いて週末も実験をしに来ていた。もっとも、イスラエル人、中国人、そして日本人の僕の3人はさらに遅くまで残って研究をすることも多かった。ボスが厳しかったおかげで、みんなで飲みにいったときはその愚痴で盛り上がり、結果としてメンバーの仲はとてもよかった。ひょっとするとそれもボスの作戦で、僕たちは踊らされていたのかもしれない。

デューク大学では、いくつかの研究テーマに関わらせてもらった。メインのプロジェクトではなかったけれど、一番印象に残っているのは結核に関するものだ。ところが、僕が実際に結核菌を扱った実験をすることは禁じられ、ほかの研究員が実験動物などを用いた結核の感染実験を行い、そこから抽出されたタンパク質や核酸を用いたその後の実験を僕は担当することになった。なぜダメだったのか、わかるだろうか。

答えは、僕が日本で結核のワクチンであるBCG接種を受けていたからだ。実は、多くの先進国では結核の感染者数が非常に少なくなってきていて、すでにBCG接種をしていないところが多い。アメリカでは結核菌を使った実験中に何らかのミスや事故が万が一起きたときに、研究者がそこで感染してしまっていないかどうかを調べるのにツベルクリン反応をチェックすることになっている。しかしながら、BCG接種者の場合ははじめからツベルクリン反応が陽性になってしまうので感染の有無が判定できない。つまり、安全のために僕が結核菌を直接扱うことが許可されなかったのだ。先進国の中ではかなり高い結核蔓延率となっている残念な日本、その弊害が思わぬところであらわれた。

さて、このプロジェクトを進めていくうちに、これまでにまったく知られていなかった生物学的な仕組みがあるらしいことが結核菌の仲間の別の菌を使った実験で示された。驚いたのは、この時点でボスは一流誌の編集者に電話をかけて、「いま、こんなデータが出ている。このメカニズムがもし結核菌にも共通して存在していて、それがひとにおける病原性に関わっていることがわかったら、お前のところに論文を掲載してくれるか」と交渉をはじめたのだ。まだ、そこまでの結果は出ていない段階なのに、だ。

残念ながら、結果としては期待どおりのデータは出てこず、その一流誌に僕の論文が掲載されることはなかった。「ホームランを打つことはできなかったけれど、メジャーリーガーのピッチングを打席で間近に感じてバットを振らせてもらった」というのが僕のアメリカでの研究経験だった。もちろん、いろいろな実験手法を身につけることができたし、さらにいま紹介したような交渉の件にとどまらず、ディスカッションのやり方や共同研究の進め方など、アメリカの有名研究者の仕事術を直に学ぶことができたのは大きな収穫だった。

こぼしちゃいけないものがある

アメリカに住んでいたときも、たまのオフの時間には運動や音楽をして過ごした。ピックアップサッカーという、知らないひとたちが適当に集まってそのときに着ているジャージの色でチーム分けをして試合をする草サッカーに行ったり、地元のフットサルチームに加入してリーグ戦に参加したりもしていた。アフリカ系のひとたちの独特のリズム感のあるドリブル、南米人の超絶テクニック、アジア人のスペースを埋めるポジショニングなど、プレースタイルにそれぞれのお国柄が出ていておもしろかった。

アメリカではアメリカンフットボール・野球・バスケットボールの三つがスポーツとしては花形なので、サッカーというマイナースポーツをしているのはちょっと変わり者なひとたちが多かった。そのためか、研究関係者の間では人気のスポーツだった。

音楽では、ジャズ留学でアメリカに来ていると いう日本人と仲良くなり演奏を聴きに行ったりした。さらに僕自身は、働いていた研究所の横にあった病院のロビーでピアノを弾いたり、日本文化オタクのアメリカ人たちとバンドを組んでメキシ

アメリカの片田舎のメキシコ料理屋でだれも知らない日本のロックバンドの曲を演奏する筆者と仲間たち

カンレストランで週末にザ・ブルーハーツを演奏するという不思議な活動もしていた。

アメリカの食事は合わないという日本のひとも多いようだが、僕はピザやハンバーガーを毎日食べても飽きなかった。ハラペーニョのフリット、ガンボというセロリやオクラの入った濃厚なトマトスープ、ワッフルの上にフライドチキンをのせてメープルシロップをかけたものなど、東海岸南部の田舎町ならではのご当地料理もとてもおいしかった。日本にいたときは居酒屋で安いチューハイばかりを飲んでいたけれど、アメリカではクラフトビール、バーボン、カルフォルニアワイン、本格的なカクテルなど高いお酒を覚えてしまった。ただ、田舎だったので町にラーメン屋さんが1軒もなかったのはつらかった……。

なんとなくバレているかもしれないが、僕はサブカルが好きだ。アメリカ滞在中に映画版エヴァンゲリオンの新作が公開されたときは、当然住んでいる田舎町で上映の予定はなく、車で8時間かけてニューヨークまで観に行こうかと本気で悩んだ。結局、行かなかったけれど。スタジオジブリの「風立ちぬ」はなぜか田舎町でも上映があったので、先ほど紹介した日本オタクのバンドメンバーみんなで観に行った。

ちなみに、アフリカにいるときは「ブラックパンサー」を見に行った。この映画の中では、高度な文明をもつアフリカのある国のひとたちが無知な西洋人のことを笑うシーンがある。エアコンのない蒸し暑い映画館の場内でドッと笑いが起きる中、恐らくそこで唯一黒人でなかった僕はちょっと居心地が悪かったのを覚えている。でも、きっと同じような状況を彼らは幾度となく経験してきたのだろうな、と思うといろいろ考えさせられた。

アメリカでも差別的な扱いを受けることはある。あまりお金のなかった当時の僕は、アフリカ系のひとや中南米からの移民のかたが多い地区に住んでいたのだが、家の近くを歩いているだけでケタケタ笑われた。研究室のメンバーだったりサッカーやバンドの仲間たちだったりとお店でビールを飲んでいるときに、近くにいた酔っ払いから「イエローモンキーが白人様と対等に振る舞うんじゃねぇ」といちゃもんをつけられたことも何回かあった。そういったときには一緒にいた友人たちがきちんと怒ってくれていたのだが、南部訛《なま》りの英語で何を言われているのかもわからなかった僕はただヘラヘラしていて、友人たちが怒りだしてから事態を把握していた。

さて、遊んでばかりに思われそうだが、仕事の話に戻ると、アメリカ滞在中はそれなりに忙しかった。研究者としてのキャリアを考えると、博士号取得からポスドクまでは比較的スムーズにいっても、そこからは大変になることが多い。僕はなんとか成果を出そうと、一番忙しかった時期だと週に2回くらいは研究室の奥にあるソファで仮眠を取りながら、家に帰らず泊まり込みで実験をしていた。年越しですら、研究室で実験中に迎えた。

ハードワークを美化したいわけではない。生物系や医学系の実験は培養細胞や動物など生きているものを扱うので、たとえば「4時間ごとに採血をする」といった具合いで決まった時間に何らかの作業や処置をしなければならないことがある。そのせいで、夜中まで実験をしたり、休日にも研究室に来なければならなくなったりする。でも、そういうときにひとりの研究者が心身を削って仕事をするのではなく、そんな状況にならないようにチームで協力して研究を行う体制をつくることは絶対に必要だろう。

疲れた状態で実験をするのは失敗する確率もあがるし、何より事故のもとだ。実は、僕はアメリカで実験中に誤って放射性物質をこぼしてしまったことがある。一応、周囲の数mだけに危険が及ぶタイプの物質だったので安心してほしい。とはいえ、体に放射性物質が付着しているかもしれない状態で部屋の外に出るわけにもいかず、僕は携帯電話で外部に連絡を取り、2～3時間ほど部屋で助けを待っていた。

研究室のメンバーが服や靴をもって来てくれて、僕はしょんぼりと生着替えをしてやっとその部屋から出ることができた。放射能で汚染されたかもしれない元の服は戸棚の奥に押し込んで置いていった。ある特殊なガラスを使うと、その試薬から出る放射線を遮ることができる。僕が放射性物質をこぼしてしまった部屋の一角はその特殊なガラスで覆われることになり、なんともモダンな空間になった。

アメリカの研究所で実験を行っている筆者。このポーズは撮影者に指定されたもので、研究所の公式ウェブサイトにも掲載された

そんな失敗をしながらもがむしゃらに研究をした結果、幸運なことに2年間のアメリカ滞在中にもいくつかの論文を出すことができた。ただ、メインで行っていた結核菌のプロジェクトではあまりよい成果が出ず、結核菌のプロジェクトでもホームランを打つことはできなかった。「うまくいかなかった」という残念ながらネガティブな結果でそれらのプロジェクトの区切りが見えてきた段階で、僕は一旦日本に帰国することにした。そして、その直後に起きたのが西アフリカでのエボラウイルス病大流行だった。

コラム③

僕のアカデミック・キャリア
不合格の履歴書

医学部（医学科）を卒業したあとに、臨床医として病院で働くのではなく、実験やデータ解析など研究を生業にするひとは日本にどのくらいいるのだろうか。僕の出身校である東北大学の場合だと、まったく臨床を経験せずに卒業後すぐ研究の道に進むひとは、100人ほどの同級生の中で学年にひとりいるかどうかといったところだ。ただ、臨床に進んだ場合も半分以上のひとがいずれは大学の医局に入り、大学院に進学して研究を行い博士号を取得するのが通例だった。ほとんどのひとは博士になったあとに再び臨床に戻るが、このタイミングで毎年1〜3人くらいがそのまま研究の世界に残る。

これを合わせても、東北大学では医学部の卒業生のうち研究者となるのは5％以下だ。程度の差はあるだろうが、ほかの大学でもとても少ない割合だと思う。そのため、巷《ちまた》では「研究医が足りない」と言われるものの、興味のある医学生や若手医師にとってキャリアパスのイメージがわかず、その道に進みづらいという悪循環に陥っている。

出身校の研究室に残り、そのまま教授職まで同じところで研究を続けることを「四行教授」と表現することがある。「○○大学卒業、○○大学助手、○○大学助教授、○○大学教授」と、経歴が４行で済むためだ。１９６０年代生まれかそれより前の世代の先生がたではそれなりに見掛けるパターンだが、いまではかなり稀《まれ》だと思う（助手と助教授は、それぞれ助教と准教授の以前の呼称）。

現在は、いくつかの研究機関を渡り歩くのが一般的な研究者のキャリアパスだ。そこで、僕の場合はどうだったのかを一例として紹介してみよう。ただし、この本で書いているように僕はキャリアの過程で研究だけでなく臨床や公衆衛生、そして国際保健などさまざまな活動に携わってきている。ここでは、研究キャリアに関わる部分だけをかいつまんで述べることにする。

博士号の取得後に、助教などの教員になる前の修行中の研究者のことをポスドク（博士研究員）という。日本だとタイミングが合えばポスドクを経ずに助教になれることもあるが、国外では大学の教員になるための条件として「○年以上のポスドク経験」を求められることがある。僕は、このポスドクのトレーニングをアメリカで行った。

それまでに行っていた研究内容と直接は関係ないけれど、関連する領域でおもしろそうなテーマを研究している海外の教授たち10人ほどに「ポスドクとして受け入れてくれませんか」とメールを送った。まったく面識のない教授たちだったが、そのうち3人から返信をもらい面接してもらった結果、2か所から採用の通知が届いた。逆に言うと、8人からは無視あるいは断られてしまったわけだ。そもそも何の募集もしていないところに突然頼み込むというのは、いまから考えるとかなり無茶なお願いで、若気の至りのなせる業だったと思う。実際には、知り合いに紹介してもらうとか、ポスドクを募集しているところに応募するというやり方のほうが一般的で、そしてずっと高い確率で受け入れてもらえるだろう。

ほとんどの研究職は任期つきのポジションなので、つぎからつぎへと職を探しながら、可能であればステップアップを狙っていくことになる。助教などポスドクのつぎのステップを目指すときは、先ほどの「募集中でないところに対して受け入れてくれと頼む」作戦はほぼ使えなくなる。各研究機関や大学のホームページをチェックしたり、研究者用の求人サイトがあるのでそこから自分に合うポジションを探したりして応募していくことになる。また、研究を続けていると、「うちに来ませんか？」と直接声をかけられることもあり、このような採用形式を「一本釣り」と呼ぶ。

一本釣りに関しては自分でコントロールできることではないので、多くの場合は求人の出ている公募情報から職を探すことになる。公募では、ほとんどのケースで「募集定員は1名」であり、そこに多くのひとが応募してくる。ときには100倍を超えることもあるというその高い競争倍率から、若手研究者が公募に挑む様は「公募戦線」と表現されているくらいだ。

では、ここからは僕の公募戦線の軌跡だ。1件1件を箇条書きで紹介していこう。

アメリカでのポスドクのつぎ

- 一本釣り、北米のポスドク。当時所属していた研究室で延長しないかと声をかけてもらえた。提示された給与がほとんど上がっていなかったのと、研究自体が少し行き詰まっており環境を変えたかったため辞退。
- 公募、東南アジアのポスドク。ポジションとしてステップアップにならなかったのと、示された研究テーマにあまり興味をもてなかったため、合格したものの辞退。
- 公募、北海道東北地方の助教。後日に、先方の組織にいる知り合いの先生から「選考で、僕は古瀬さんを推したんだけどね」と言われたものの、書類審査すら通らず不合格。
- 公募、近畿地方の助教。つぎに記載する一本釣りの話が同時期にあり、迷っていますと率直に伝えたところ、「古瀬さんのキャリアを考えたら、うちよりもそっちがいいと思う」とアドバイスされたため、合格したものの辞退。いい先生だ……。

・一本釣り、北海道東北地方の助教（一つ目）。この話を受け、赴任することにした。任期は2年だった。

一つ目の助教のつぎ

・公募、ヨーロッパの講師。書類審査で不合格。
・公募、東南アジアの講師。書類審査で不合格。
・公募、九州地方の助教。面接審査までいくも不合格。このとき最終的に採用されたのが友人だったのでそのあと少し気まずくなったが、いまではわだかまりもなく一緒に飲みに行く仲に戻っている。よかった。
・公募、関東地方の助教。面接時に婚姻の状況や予定を確認されたり、「その研究で世界の一流誌に論文が載りますか」と質問されたり、ほかにもいろいろ聞いてくるのにこちらから質問する機会を一切与えられないまま面接が終了したりとスッキリしないものだったので、ちょっと怒った。合格したものの辞退。
・公募、北海道東北地方の助教（二つ目）。合格し、前職の任期切れと同時にこちらに異動することになった。ところが、つぎに説明するとおり数か月で辞めた。ごめんなさい。

二つ目の助教のつぎ

・公募、近畿地方の助教（三つ目）。前述の職がはじまる前に応募していて、そちらの職に就いてから合格通知がきたので平謝りしてこちらに異動した。でも、まったく怒られなかった。任期は5年。シャコパンチの威力を研究しているひとや、研究室内にブラックホール環境を再現しようとするひと、バッタに食べられたい夢をもつひと、鳥の鳴き声を言語学的に研究しているひと、失われた古代文字のフォントを作成するひとなどなど、かなり尖ったひとたちの集まる研究組織だった。

三つ目の助教のつぎ

・公募、オセアニアの准教授。偶然だが、選考委員に知り合いがいた。そんなことはまったく関係なくさくっと落とされ、書類選考すら通過しなかった。
・公募、近畿地方の准教授。書類審査で不合格。
・一本釣り、北海道東北地方の准教授。興味のあるテーマを扱っている研究室だったが、あまり自分が得意な分野でなく自信がないためお断りした。

その後ラッキーなことに、論文発表・研究資金の獲得・教育活動などが評価されて、所属していた近畿地方の大学でそのまま准教授にレベルアップした。

准教授のつぎ

・公募、四国地方の教授。書類審査で不合格。
・公募、中国地方の教授。書類審査で不合格。
・公募、九州地方の教授。合格したあとに少し待ってもらい、その間に病院で勤務医として働き臨床経験を積んでから着任した。教授職とはいえ、5年間の任期つき。

という流れでいまに至っている（2023年5月時点）。履歴書を書くときは成功したところだけが記載されるけれど、それ以外の部分はこうやってほじくり返さないとなかなか見えてこない。僕の経歴は、あまり順風満帆とは言えないものかもしれない。「不合格」の履歴を書いていると、いろいろ思い出されてきて心理的にダメージを受けたが、これから研究者を目指そうというひとたちにとって少しでも参考になれば幸いだ。

研究者のキャリア形成では、研究の能力や実績と同じかそれ以上に、タイミングや相性といった運に左右されるような要素がとても重要になってくる。そして、ひととのつながりも大きなウェイトを占めている印象だ。僕のほうから根回しなどをしたことは決してないが、これまでに指導してくれた直属の先生がたはもちろん、それ以外にも共同研究者や隣の研究室にいた先生などがそっと後押ししてくれたことを知っている。公募でも一本釣りでも、「候補者の古瀬さんってどうなの？」という照会がよく飛び交っていたそうだ。特に、僕は長髪にピアスという風貌だったので、採用する側はさぞ心配だったことだろう。

コネ社会はよくない、根絶すべきだ。そう思いながらも、気がつけば僕を応援してくれる偉いひとたちに折に触れて助けられていて、その恩を後進に返さねばと最近は思いはじめている。でも、そうやってコネ社会はより助長されていくのかもしれない。どんな立場になっても、キャリアパスに関する悩みは尽きない……。

第4章 エボラとコロナの間

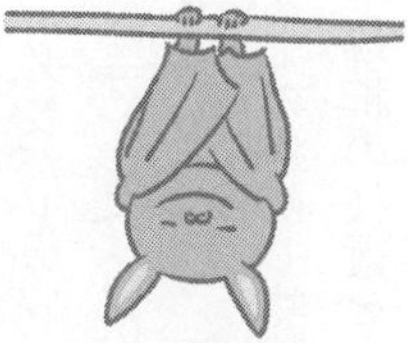

みそじの手習い

エボラウイルス病アウトブレイクの対応を終えリベリアから帰国したあと、僕は教員として大学で教鞭を取り、医学生・歯学生・薬学生・看護学生など主に医療系の学生たちに感染症学や微生物学の講義を行った。授業のところどころに東南アジアや西アフリカで経験してきたことを織り交ぜる僕のスタイルはそれなりに好評で、所属していた大学だけでなく、日本中、世界中の大学から講演に呼んでもらった。

そして、教育と研究の業務を並行してやっていきながらも、時間を見つけては、これまでの活動の中で必要だと感じた知識や技術をあらたに身につけようと取り組んだ。〝自己研鑽《けんさん》〟というほど格好いいものではなく、ただ自分の知らないことで周りが盛り上がっているのがいやなのだ。僕は、負けず嫌いで寂しがり屋だった。

タイやミャンマーの病院で熱帯病の臨床トレーニングを受け、イギリスでコンピュータを使った遺伝子解析の技術を身につけ、そして日本とアメリカで感染症数理モデルについて学んだ。どれも、30歳を過ぎてからの手習いだ。実は、このとき数理モデルの手ほどきを僕にしてくれたのが西浦博先生だ。そのわずか数年後には、西浦先生と、肩は並べていないけれど机を並べて一緒にクラスター対策班で新型コロナウイルス感染症対策に奮闘したり翻弄されたりすることになるだなんて、人生は数奇だなと思う。

「正義」の話をしよう

第1章で書いたように、僕はリベリアを一度去ったあとも西アフリカで感染症のアウトブレイクが起こるとたびたび現地に招集された。あたらしい国のあたらしい町であたらしい感染症に対峙《たいじ》するには、まずは現状の評価が重要だ。

そういったときのチームには、医師・看護師・薬剤師・検査技師といった医療従事者や、データ解析の得意な疫学者などの研究者（疫学については、第5章「ウイルス学者が感染対策？」〔161頁〕を参照）、そして第1章でも話に出てきた文化人類学者に加えて、建物の構造を確認する建築士、電気や水道などのインフラをチェックする専門技師、地方自治体や医療機関の財務状況を評価する会計士、医薬品などの調達システム改善を提案するロジスティシャン（物流専門家）にも加わってもらう。

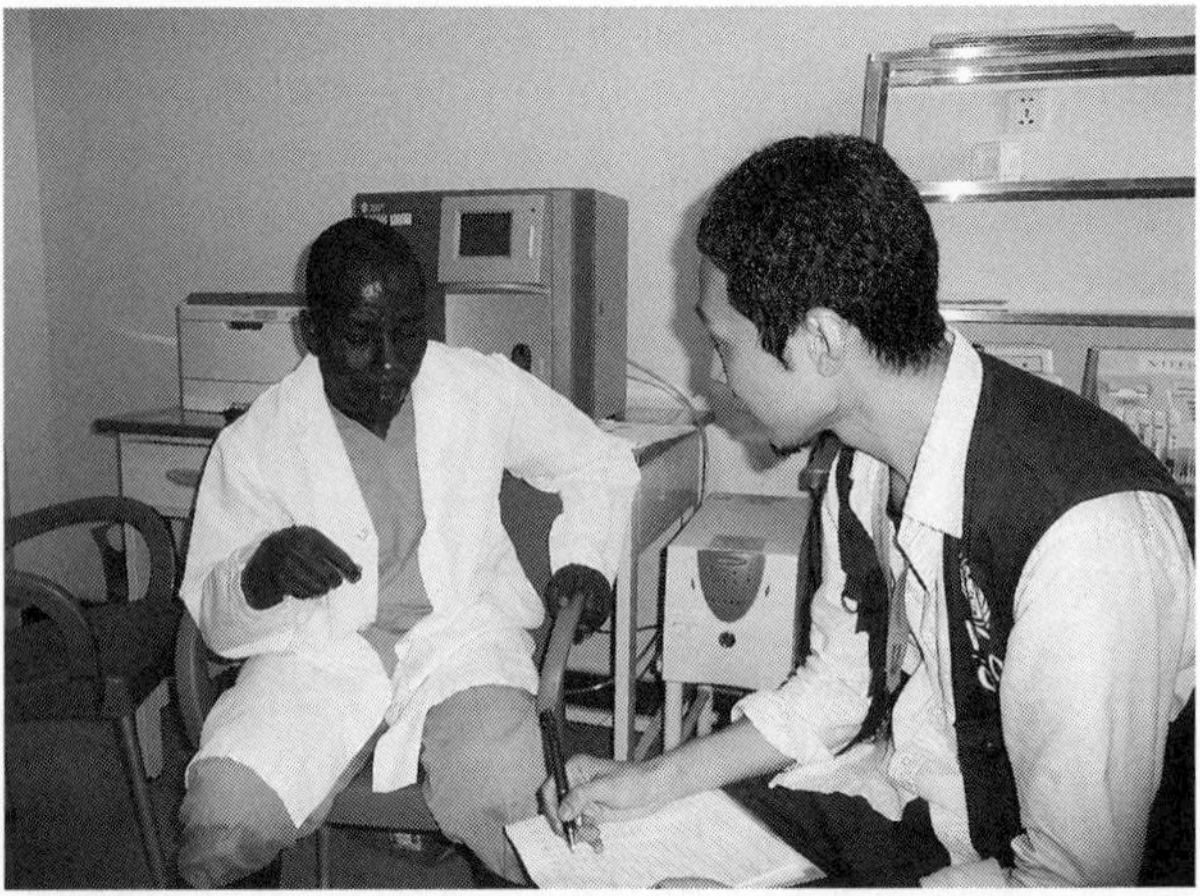
支援のための調査活動。病院などに行って実際の状況を確認し、そして現地のかたから話を伺う

そして、現地のかたがたから話を伺っていく。いま何ができていて、何ができていないのか。困っていることは何か、足りないものは何なのか……。

エボラウイルス病ではないが、似たようなウイルス性出血熱のアウトブレイクを何度も経験しているある病院では、なんと使い捨てのはずの防護服が繰り返し再利用して使われていた。防護服の洗い方や、破れた箇所の補修の仕方を記載したマニュアルまであった。それが原因かどうかは別にして、エボラウイルス病などのウイルス性出血熱が流行すると、大抵の場合犠牲者の数%〜数十%は医療従事者だ。

さあ、それに気づいた僕たちはどうしようか。「危ないからやめたほうがいいですよ」と、伝えるのがいいのだろうか。角が立たないように、「国際ガイドラインでは、使い捨てるように書いてありますけどね」とやんわり情報共有だけして、行動変容まで促さないというのもありかもしれない。

正解なんて決してないのだけれど、僕らは何も言わなかった。そもそも、洗って使いまわしているのは、新しい防護服を調達するだけの資金がないからだ。たとえ資金があったとしても、防護服を国外から取り寄せるのだって一苦労だ。いつ届くのかもわからない。洗って使いまわすのをやめさせることができたとして、じゃあ彼らは明日から何を身につけて診療すればよいのか。

病院の中庭で使い捨ての防護服が洗って干されているところ。見たときはわが目を疑った

僕たちの訪問によってそのような状況が発覚したわけだが、それはつまり、それまでは外部の人間がほとんど入ることのできなかった場所なのだ。ようやく受け入れてもらえたのに、その途端にあれやこれや言われたら、物理的にも心理的にも僕らは締め出されてしまうだろう。そして何より、それまで何十年もの間、地域のためにこの難しい病気に立ち向かってきた医療従事者たちには敬意が払われるべきだ。使い捨ての防護服を使いまわすことは、間違いなく間違っている。それをやめさせることは、正しい。でも、正しいことが正義とは限らないシチュエーションもあるのだと僕は知った。

ちなみにこのとき、防護服の使いまわしをやめさせはしなかったが、かといって何もしなかったわけではない。僕らは、特に防護服の話題には触れずに、予算の獲得、そのやり繰り、そして物品の管理や調達についてなど運営面の改善を提案してその支援を行った。そういった地固めをしていく中で、少しずつより安全で質の高い医療が提供できるようになっていけばいいなと思う。

2019年の緊急事態宣言

西アフリカの風土病に、「ラッサ熱」という、エボラウイルス病ほどではないが致死率のそれなりに高い病気がある。ナイジェリアではこの病気のアウトブレイクが昔からよく起こっていた。以前は外国の力を頼ることもあったけれど、繰り返される流行の中で、次第に彼ら自身の力でサーベイランス活動やＰＣＲ検査ができるようになっていった。

ある年にもラッサ熱のアウトブレイクが起こったものの、もはや彼らだけである程度制御できそうではあった。それでも、「緊急事態宣言」が発出されることになった。一つの大きな理由は、対策のための資金の提供を国連や世界銀行にお願いするためだった。もう一つおまけの理由は、外国人専門家である僕の派遣をＷＨＯに依頼して、このアウトブレイクについての論文を出すためだった。

僕は期待にこたえてナイジェリアへと飛び、コンサルト活動をしたり現地のかたと共同でデータを解析して論文を執筆したりした。このとき一番おもしろかった仕事は、「国外の助けを要請するために緊急事態宣言を発出したけれど、この国には緊急事態宣言を解除するための基準がない。それを作ってくれ」というものだった。

「そうしないと、緊急事態はいつまでも終わらず、ユキも自分の国に帰れないよ？」

「それは国家的軟禁なのでは？」とちょっと思ったけれど、取り組んでみるとなかなかにやりがいがある。僕は、いくつかの指標にもとづいて緊急事態に該当するかどうかを判断する基準を考え、それを自動で判定できるエクセルの計算ファイルをつくって現地の政府関係者に提出した。

そして、そのファイル上で緊急事態宣言解除の緑ボタンが点灯したとき、僕はようやくナイジェリアから帰国できた。

２０１９年夏ごろの話だ。その半年後、世界は新しい感染症の出現によって大混乱に陥った。

第5章

新型コロナ対策の中のひと

対策班に「ちょっと」参加してきた

２０１９年12月に中国の武漢で原因不明の肺炎の集団発生が報告され、翌1月には新型コロナウイルスがその病原体であることがわかった。感染は各国に飛び火したが、２月ごろまでは中国を除いて散発的な報告にとどまっていた。日本国内でも、報告される感染者のほとんどは中国からの渡航者か、あるいは彼らと直接接触したことがわかっているひとたちだった。

僕自身は、２月上旬はスペインで、中旬はタイで開催されていたウイルス学の国際会議に出席していた。まだこのウイルスについて研究はほとんど進んでおらず、何もわからない時期だったが、参加していた海外の研究者から興味深い話を聞いた。

12月の下旬ごろから武漢では、普段とは異なる、重症化率の高い肺炎が流行していたそうだ。中国では、町の病院で働いている医者であっても論文などの研究業績があると昇進に有利に働くことがある。そういう素地もあってか、研究者ではない一般の医者が、この謎の肺炎の原因を探すために「メタゲノミクス」と呼ばれる特殊な解析を民間の検査会社に依頼したそうだ。何か珍しいものが見つかって論文にできればいいな、などと考えたのかもしれない。

検査の結果、なんと「SARSコロナウイルスの遺伝子に似た塩基配列」が見つかった。2003年に世界的な流行を引き起こしたSARSコロナウイルスは、感染すると10％以上のひとが死亡してしまうという非常に危険なウイルスだ。偶然かもしれない、何かが紛れ込んでしまっただけかもしれない、とはじめは思ったそうだが、同じ時期に同じ町の別の医者も別の検査会社にこの解析を依頼していて、同様の結果が出てきた。この二つの検査会社が連絡を取り合い、「これはただごとではないかもしれない」と当局に報告し、急ピッチで調査が行われ翌月には新型コロナウイルスが同定された――。と、いうのがその研究者から聞いたストーリーだ。

このスピードで原因究明ができたのはものすごいことだと思う。もし新しいウイルスによるアウトブレイクが日本の地方都市からはじまっていたら、異変に気づいてその原因がわかるまで、ひょっとしたら数か月はかかったんじゃないだろうか。

さて、そんな話を聞いた2月の国際会議では「新型コロナウイルス、これからどうなるんだろうね」と参加者で話し合ってはいたものの、僕は空いた時間にはカヴァを飲んだりガウディの建築を見に行ったり、カレーを食べたりムエタイを観戦したりと、あまり緊張感もなく過ごしていた。そして、その出張から日本に戻った日にSNSで帰国したことを報告したところ、旧知の先生から連絡が入った。

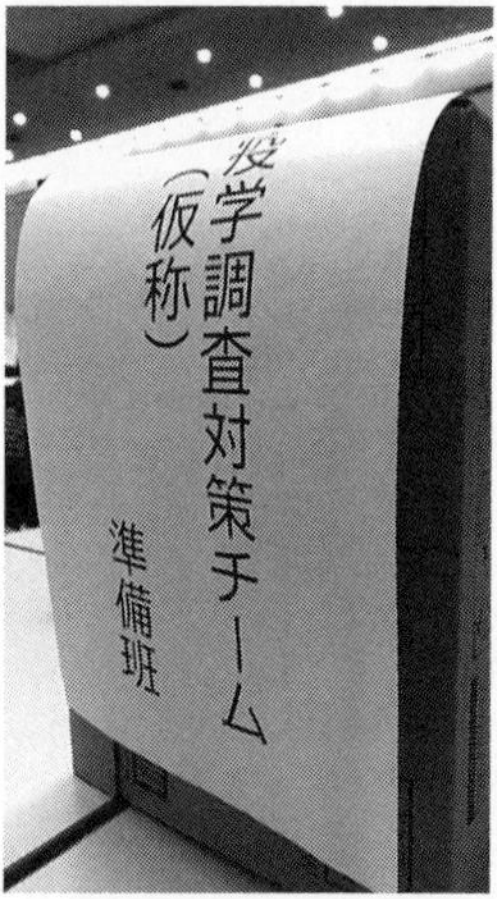

クラスター対策班が設立される直前のデスク。当初はだいぶ垢抜けない名前だった

「いま日本にいるの？　海外渡航者との接触歴がないひとでも感染報告が増えていて、国内での感染伝播が本格的にはじまりそう。厚生労働省内に専門家を集めた対策チームを作るから、ちょっと来て」

　これが、クラスター対策班のはじまりだ。いまでもしっかりと覚えている。「ちょっと来て」と言われたことを。当時、僕は京都に住んでいた。連絡を受けたのが金曜日の午後だったので、土日に顔を出して自分にできるアドバイスをしたらすぐに戻っていいのかな、と思い1泊分の荷物をもって東京に向かった。まさか、そのまま5か月間、霞が関近くのビジネスホテルに滞在することになるとも知らずに……。

ちなみに、クラスター対策班全体の指揮をとったのは僕を研究の世界に導いてくれた押谷先生、データ解析チームを主導したのは僕に数理モデルの手ほどきをしてくれた西浦先生、そして専門家会議や対策分科会といったトップレベルの会議体をまとめたのが、押谷先生がWHOで働いていたときの上司である尾身茂先生だった。「身内ばかりで固めて馴れ合いの組織なんだな」と思われるかもしれないが、身内ばかり、というよりは「日本中の関係する専門家をほとんど全員集めた」というのが実態に近いと思う。

ミッション：3密を英訳せよ

これまでに知られている従来の感染症で報告する必要があるものは、日本ではNESIDと呼ばれる仕組みで情報が集められ管理されている。しかしながら、新型コロナウイルス感染症は文字どおり新しい感染症だ。NESIDの枠組みにはのせられず、各自治体からの報告を受けて手作業で情報をまとめることになった。

この地道な作業によって、2020年1～3月に報告されたほぼすべての感染者を僕たちはかなり詳細に把握していた。ただし、僕たちクラスター対策班のメンバーが実際に現地に赴いて調査をすることはほとんどない。疫学調査は、ときに国立感染症研究所のひとたちがサポートをしながら、地域の保健所のかたがたが中心になって行われた。結核や麻疹、そして食中毒の発生があったときにも同様の聞き取り調査が保健所によって行われていて、経験やノウハウが各地域で培われていたことが、新型コロナウイルス感染症の流行に際しても実地レベルでの詳細な情報収集を可能にしたのだ。

集められたデータを解析することで、感染をうつしたひととうつされたひとがどのような関係なのか、どのような環境だと大規模なクラスターになりやすいのか、感染者と接触をしてからどのくらいの時間がたつとあらたに感染力をもつようになるのか、どのくらいで症状が出てくるのかといったことが明らかになっていった。

これらの科学的事実をもとに、さまざまな対策が考えられた。まだ治療薬もワクチンもなかった段階において、流行を制御するにはひとびとに訴えかけて考え方や行動を変えていくことが重要になる。パンデミックがはじまった当初は、症状のあるひとだけがマスクをすればよいというのが世界的に共有された考え方だった。これは、2003年に流行したSARSコロナウイルスが新型コロナウイルスに比較的近縁であり、SARSコロナウイルスの場合は「感染後にしばらく時間がたって症状が出てきてからウイルスが多量に排出されるようになる」ということがわかっていたからだ。

ところが、僕たちが新型コロナウイルス感染症のデータを解析してみると、「感染者の症状が出る前に、その感染者と一緒に食事をしたひとがウイルスをうつされていた」といった事例がいくつも見つかった。そのため、「マスクを着用しましょう。それはあなたを感染から守るという意味もありますが、それだけではありません。いまは何も症状がないあなたが実は感染していて、明日から熱が出るかもしれない、咳をするかもしれない。そんなとき、いまは症状のないあなたでも、すでに口から出てくる飛沫にはウイルスが含まれているのです。だから、いま目の前にいるひとを守るために、感染をひろげないためにマスクを着用しましょう」という、症状の有無にかかわらずマスクを着用するユニバーサル・マスクという概念が広まっていった。

また、数理モデルの専門家である西浦先生たちのチームが行ったデータ解析から、多くの感染者が発生している特定の場というのが見えてきた。さらなる解析によって、そのような場で感染が起こるのを抑えることが有効な対策になりそうだと見出された。

クラスターの起こりやすい場所としては、主に二つのパターンがあった。一つは、そもそも何らかの症状をもったひとが訪れる場所であり、感染すると重症化してしまうリスクの高いひとがたくさんいて、ひととひととの接触も密になりがちな病院や老人ホームといった医療や介護の現場。そしてもう一つが、多くのひとが換気のよくないところに集まり、近い距離で声を出すような場面だ。

医療機関や介護施設のクラスターでは高齢者の感染がほとんどだったが、後者だと比較的若い世代のひとたちが感染者の大部分を占めることも多かった。そうすると、彼ら自身は重症化のリスクがそこまで高くなくても、高齢者と比べて行動の範囲が広くたくさんのひとと接する機会が多いためにつぎつぎと感染をひろげてしまい、またあらたなクラスターの発生につながりかねない。

そこで、クラスターのできやすい場所として「密閉・密集・密接」というキャッチーなフレーズを行政が考え、そのようなシチュエーションを避けましょうとひとびとに周知し協力をお願いした。これを「3密」と最初に呼んだのは小池百合子東京都知事だったように記憶している。流行語大賞にも選ばれ、知らないひとはだれもいないくらい多くのひとに浸透した。クラスター対策班の活動がきっかけとなって生まれた成功事例と言えるだろう。

ところで、この3密に英語版があるのをご存じだろうか。スリー・シーズ(Three Cs:

Crowded places, Close-contact settings, Confined and enclosed spaces）という。日本がはじめたこの独自の対策に、ＷＨＯや外国政府など海外のひとたちも興味を示した。そこでこれを英語にして説明しようという会議があったのだが、会議に参加する知人から相談を受けた。「３密をどうやって英語にしたらいいかな？」。実は、このときスリー・シーズを思いついて提案したのが、僕だ（ただし、このときはClosed room, Close distance, Crowded situation としていた）。ただ、特にそのときの議事録が残っているわけでもなく、証拠を示せなくて悔しい。なので、せめてここに記しておく。

深夜に啜るカップラーメン

集められた感染者のデータは、ここまで説明してきたように対策活動に活用された。自治体からの報告を受けて手作業で情報をまとめたと述べたが、具体的にはどうやったのか想像がつくだろうか。答えは、……電話だ。厚生労働省の職員のかたがたが毎日すべての都道府県や80近くある保健所設置市に電話をかけ、新しく見つかった感染者ひとりひとりの年齢、性別、おおまかな住所、勤務地、症状、そして行動歴などを聞き取っていった。個人情報を伏せた状態でそれがクラスター対策班に渡され、パソコンに入力していきデータの整理や解析を行った。

だがこの作業は、1日の新規感染者数が50人を超えたところですぐに限界を迎えた。そこで、関連学会のメーリングリストを利用して、公衆衛生を学んでいる全国の大学生や大学院生などに声をかけて数十人体制で仕事の一部を手伝ってもらった。それでも、作業は深夜27時ごろまで及び、ホテルに戻って仮眠をとったら、また厚生労働省に戻るという日々だった。

1回目の緊急事態宣言が出されたときは、まだ新型コロナウイルス感染症の致死率など病原性も明らかになっておらず、少しでも被害を小さくしようと多くのひとが自粛に協力してくれた。飲食店はほとんど閉まったし、東京の一部ではコンビニも夜間の営業が取りやめられたほどだ。ただ、地方から

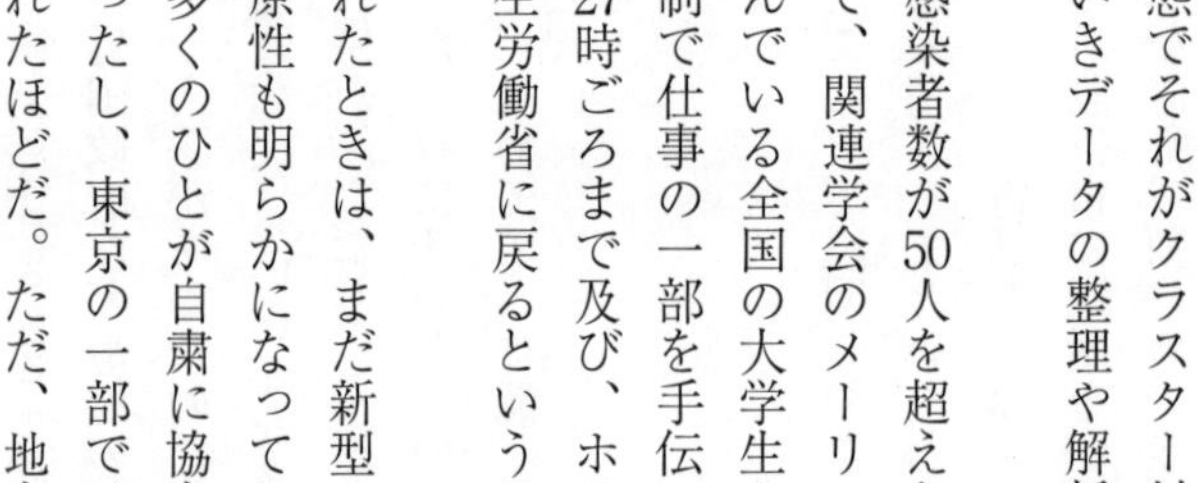

一番忙しかったころの出勤・退勤時間。なかなかに非人道的

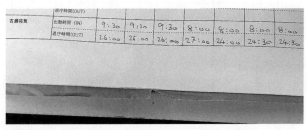

出てきて対策班に参加していた僕たちはいつ家に帰れるのかもわからず2週間ごとにビジネスホテルの延泊を繰り返すという生活をしており、このころは食べるものにも困った。

そんな中、大臣などから差し入れのお弁当を頂戴できたのは大変ありがたかった。チャーハン＋から揚げ＋ギョーザ、といったお弁当を毎日食べるのは、中年の胃腸には優しくなかったけれど。でも、政治家はやっぱり策士だった。厚生労働省に詰めていた半年ほどの間で2回、某有名焼き肉店のお弁当が配給された。単純な僕らはそれだけで、「また明日からも頑張るか」となったものだった。

また、対策班の上層部に超有名私立大学医学部出身の専門家がいたのだが、クラスター対策班宛てに彼の同級生たちから全国の高級食品が差し入れとして届いたときには、地方の国立大学出身の僕からは考えられないような同窓会の絆の強さや卒業生たちの財力に驚いた。

またあるときは、クラスター対策班にテレビの取材が入った。深夜にカップラーメンを啜《すす》りながら作業をする僕らの姿が放送された結果、おそらく僕らとまったく面識のないようなかたも含めて全国からたくさんのカップラーメンの差し入れが届いた。深夜までかかる連日の作業で心も体も疲れてしまうこともあったけれど、そんな些細《ささい》な嬉《うれ》しいことの積み重ねがモチベーションを上げてくれた。

さて、流行開始からしばらく経ち全国の自治体で毎日のように感染者が報告されるようになってからは、感染者の情報を電話で聞き取ることは実質的に不可能になり、各自治体が毎日ウェブサイトに掲載するPDFからデータを抽出する形に変わった。さらに数か月後にはHER‐SYSというオンラインの感染者報告システムが完成して、やっとデジタルデータが保健所や医療機関から直接アップロードされるようになった。ただ、あまり使い勝手のよいものではなかったし、それまでの仕組みから急に切り替わることの混乱を防ぐために、一部の地域では導入にかなりの時間がかかった。

ちなみに、流行開始から3年が経った2023年5月から、新型コロナウイルス感染症は5類感染症というカテゴリーに変わった。それに伴いHER‐SYSへの届け出は任意となり、感染者数の報告は「定点」と呼ばれる指定の医療機関が行い、そのデータから各自治体の流行状況を把握するようになった。季節性インフルエンザの発生状況を報告するのと同じ仕組みになったわけだ。定点把握と呼ばれるこの仕組みは、もともとはFAXで手書きの情報を送るシステムだったが、2022年10月からはHER‐SY

Sと同じようにオンライン化されている。とはいえ、一部の定点医療機関ではこのオンラインシステムを使わずに、5類感染症に移行してからはせっせとFAXで感染者数を報告しているそうだ。デジタル・トランスフォーメーションへの道のりはまだまだ長い……。

みんなびっくり、僕もびっくり

クラスター対策班に所属したメンバーの大半は研究者だった。国の施策を考えるときに委員会や審議会が開かれ、そこに研究者が招かれて構成員あるいは参考人として意見を述べることはよくあるが、省庁の中に研究者を中心に構成された組織ができて、そのメンバーが毎日霞が関の庁舎で業務をこなしたというのはあまり前例がなかったのではないだろうか。

クラスター対策班という名前がつけられた専門家集団だが、クラスター対策だけをしていたわけではない。それまでに世界中で感染症のアウトブレイク対応を行ってきた経験のある僕たちは、クラスター対策に限らず、数理モデルの活用・病原体の検査体制・

厚生労働省内にあった対策本部。クラスター対策班のほかにもさまざまなチームがあり、いつもだれかが仕事をしていて深夜でも電気が消えることはなかった

空港での検疫・リスクコミュニケーションなど、さまざまなことについてデータ解析や議論を行い、政治行政に対して知見や見解を共有した。

クラスター対策班のほかにも、厚生労働省内に設置された新型コロナウイルス感染症対策の本部にはいろいろなチームがあった。たとえば、マスク班・検疫班・検査班・国会対応班などだ。横浜に入港したクルーズ船で発生したクラスターは世界的にも注目を集めたので、クルーズ船対応班なんていうのもあった。これらのチームは、厚生労働省を中心とした行政の職員のかたがたが担っていた。でも、厚生労働省に勤めているとはいえ、彼らはいつも感染症対策に従事しているわけではない。普段は、たとえば診療報酬の点数を考えたり、働き方改革の進め方を議論したりしているのだろう。

そんな彼らが新型コロナウイルス感染症対策について困りごとがあったときに僕らはたびたびアドバイスを求められ、それぞれの班に対して助言を行った。逆に僕らのほうも、法律についてだったり、国会や行政、そして地方自治体との調整についてなどわからないことだらけで、折に触れ助けてもらった。

ただ、ときには意見がくい違うこともあった。少し前に、感染者の情報を電話で聞いて集めていたことを説明した。検査や報告はひとが行うものなので、完璧なことはありえない。たとえば、「３日前に陽性だと報告した感染者ＩＤ18番、結果を読み間違えていて陰性でした」とか「ＩＤ52番は、あとから見返したところ、すでによその自治体から報告されているＩＤ45番の重複でした」みたいなことが起こる。そのようなエラーが起こらないようにする仕組みづくりは必要だが、エラーそのものは特に責める対象ではない。

さて、このようなエラーが発生したとき、省庁チームはＩＤ番号の繰り上げを行った。ＩＤ18番を上書きして昨日までＩＤ19番と呼んでいたひとを今日からはあらたにＩＤ18番として、ＩＤ20番だったひとを19番にして……、といった具合いだ。これには、僕らはとても困った。スプレッドシートの表にある年齢や性別、市区町村といった基本情報はコピペでずらせばいいけれど、「ＩＤ15番と20番は同居の家族」とか「ＩＤ19番はクラスターが発生した病院の看護師」といった情報は文章で記録されていて、体系的なデータ化はされていない。ＩＤ番号の繰り上げが行われると、これらがドミノ倒し的にずれていく。ひとりふたりの変更ならば手作業で何とか修正できるかもしれないが、これを数百人分、しかも毎日とは言わないけれどそれなりの頻度でやられたらさすがに無理だ。

すぐに僕らは、「一度つけたＩＤ番号を振りなおさないでほしい」と要望を伝えた。これは、疫学研究をしたり統計解析をしたりするときの、当然と言っていいくらい基本的なデータ管理のお作法なのだ。であるにもかかわらず、先方からは「ＩＤ番号に抜けがあると通算の感染者数とずれるので嫌だ」と一旦は断られてしまった。だが、これは本当の本当に解析をする際に困る。そこで僕らは、官僚にも影響力のある偉い教授にお願いして、ＩＤ番号の変更をしないよう何とか説得してもらった。

繰り返すが、その担当者を責めたいわけではない。感染症パンデミックという有事に、ほとんど経験のないひとたちがデータ管理をやらなければならない、その備えのなさが情けなかった。それは、僕が東南アジアや西アフリカで経験してきたことと、そう大差なかった。

アフリカで感染症対策をするＷＨＯのチームに文化人類学者や建築士などいろいろな専門家がいたように、クラスター対策班も感染症や疫学の専門家だけがいたわけではない。たとえば、データ解析の結果を視覚化するためにプログラマーにも参加してもらった。彼は某有名ＩＴ企業に勤めているかたで、新型コロナウイルス感染症の流行がはじまってからは、公表されているさまざまなデータをわかりやすい形に加工してインターネット上で独自の発信をすることで注目を集めていた。僕らはＳＮＳを通じて彼にダイレクト・メッセージを送り、その某企業の許可も取ってクラスター対策班に参加してもらった。この本を読んでいる「感染症の専門家ではないあなた」にも、つぎのパンデミックのときには白羽の矢が立つかもしれない。覚悟しておいてほしい。

データの視覚化といえば、地理情報システムの研究者もクラスター対策班にはいた。データ解析の世界では、「どこ」という地理情報と、「いつ」という時系列情報を扱う際には特殊な技術がいることがあり、それぞれに特化した専門家の中の専門家がいるのだ。僕は彼らと協力して、全国のさまざまな地域でどのようなクラスターが発生したのかをまとめる地図を作った。はじめは、チーム内での情報の整理と共有が目的だった。

この地図は政治行政のかなり上層部にまで伝わり、「リスクコミュニケーションの一環として国民に公表しましょう」という指示が降りてきた。僕たちは反対した。「〇〇町の□□施設で△人のクラスターが発生」と伝えることに何の意味があるのか。すでに起こったクラスターであり、いまの時点でその場所で感染が続いているわけでもない。特定の地域や施設の風評被害につながるだろうことは、容易に想像できた。日本全体で報告された感染者数の総計が数百人くらいのころで、感染は全国にひろがっていったけれど、それでもまだほとんどすべての感染経路を追跡できていた。

しかしながら公表は押し切られ、発表後には多くのメディアに取りあげられた。そして、予想どおり反発も起きた。関係各所から「私たちのところでは、それをクラスターだと認識していない」という連絡が舞い込み、「そこで感染したという△人の中には、たまたま訪れていたこの地域の住民でないひとが含まれている。そのひとは人数に入れないでほしい」といった要望まであった。ちなみに、この地図には「クラスターの分類は、〇〇教授らによるもの」（〇〇は、僕の名前ではない）という文言が〇〇教授の知らないところでつけ加えられていた。

その後、これらの要望がある程度反映された〝修正版〟が公表され、僕たちは行政側の担当者から「あんな地図を急に発表したら、みんなびっくりしちゃうでしょう。前もって、ちゃんと考えることはできなかったんですか！」と注意された。……あれ？

「専門家の心」と「心の専門家」

感染症が流行すると、いろいろと社会的な問題も起こる。その中の一つが、第1章でも触れたスティグマ（差別）だ。僕らは、スティグマに対しても働きかけを行った。立ち上げの直後からメディア関係者を招いて、「これから感染者や医療従事者に対する差別が必ず起きます。報道がそれを助長することのないように気をつけてください」というお願いをしており、このような活動のために社会倫理学や心の専門家などにも専門家会議やクラスター対策班に入ってもらっていた。

1回目の緊急事態宣言が解除されたころから、僕たち専門家への風当たりは強くなっていった。緊急事態宣言が出される直前から感染者数の増加傾向は緩やかになってきていて、緊急事態宣言が明けても感染者数の急増が起きなかったことから、「あの制限に意味はなかった」と考えるひとたちが増えたからだ。また、検査体制が十分とは言えなかった時点では検査を受けたくても受けられないひとがたくさんいて、「感染拡大が止まらないのは、専門家が検査を制限しているからだ」といった意見も多く聞かれた。なかには度を過ぎたものもあり、特に顔や名前の出ることが多かった専門家には毎日100通を超える誹謗《ひぼう》中傷のメールが届いた。窓ガラスが割られたり、銃弾入りの封筒が届いたりしたという話も聞いている。

そのような誹謗中傷にさらされたり、感染流行の拡大を制御できないことに責任を感じたりして、対策に携わるひとたちの心が健康でなくなってしまうのも、感染症アウトブレイクの現場ではよく経験することだ。実は、エボラウイルス病の対策活動でアフリカにいたときも、何人かの同僚が心の問題で途中で国に帰っていった。同じように、クラスター対策班でもあまりよくない状態になってしまったメンバーがいた。先ほど紹介した心の専門家たちにチームに入ってもらっていたのには、スティグマ対策だけではなく、そういった事態を見越していたからという理由もあった。

ある専門家は、ストレスからか短期間で驚くほど体重が増えた。まぁそのひとは、ワイシャツのサイズが合わなくなるので次々と買い替えなければいけないことや、しゃがんだときにズボンが裂けたりしたことを笑いながら話していた。別の専門家は、心労からあきらかに口数が少なくなり、仕事も滞るようになってしまい、最終的には専門の医療機関での養生が必要になるまでに至った。

僕はというと、睡眠時間を削って対策活動にあたっていたころ、その当時は自覚していなかったがいまから振り返ってみるとだいぶ怒りっぽくなっていたような気がする。後輩であるクラスター対策班のメンバーに「俺、血圧高めなんだよね」と言ったら、「わかります。先生、そんな感じですよね」と言われたことを覚えている。きっと何か嫌な思いをさせていたのだろうな。申し訳ない……。そして、ストレスがきっかけになることもあるという指定難病を、僕はこのコロナ禍に発症した。

少し暗い話をしてしまったが、対策班ではつらいことばかりでもなかった。クラスター対策班の活動と並行して行っていたもともとの仕事のために、東京と京都を週に何度も往復した時期がある。県をまたぐ移動の自粛が求められていたころだったが、京都に戻ったときにはほとんどだれにも会わず書類仕事だけをしていたので許してほしい。僕以外の乗客がだれもいない車両でビールを飲みながら富士山を眺めるのは、忙しい日々の中で一瞬だけ訪れる憩いの時間だった。

クラスター対策班の仕事はとてもやりがいがあったし、そして何より、対策活動を通じてそれまでは交流のなかった多くのひとと知り合いになれたのは、間違いなく今後の人生を豊かにしていくだろう財産だ。大臣や知事といった大物政治家や、官僚、保健所のひとたち、広告代理店、巨大IT企業などいろいろなかたと話す機会があった。僕自身がテレビに出演する機会も増えて、有名なキャスターや芸能人とお話しできたのは役得だ（コラム④〔170頁〕を参照）。

クラスター対策班にはさまざまなひとが集ったことを何回か説明してきたけれど、とはいえ半分以上は医者だった。医者といっても、論文で何度も名前を見たことのある分野を代表するような研究者、途上国を飛びまわって国際保健活動を行っている臨床医、海外の大学院で公衆衛生学を修めてきた実務家など多彩なメンバーだった。ただ、エボラウイルス病対策のときは、WHOから招聘《しょうへい》された専門家のうち医師免許をもっていたのは全体の10～20％くらいとかなり少数だった。日本の大学や大学院では公衆衛生学や疫学が「医学の中の一分野」として位置づけられていることが多いが、海外ではそれ自体でひとつの学部や大学院組織となっていることが関係しているのかもしれない。日本でも、医療関係以外のバックグラウンドからこの領域に参加できる道筋をもっとたくさん作れるといいなと思う。多様性という意味でも重要だし、専門家の質と量の底上げにもつながりそうだ。

クラスター対策班のメンバーや、活動を手伝ってくれたボランティアのかたがたの中には、20代といった若い世代のひとたちもいた。彼らも本当に大変だったと思うが、同時に貴重な経験を積めたと思う。つぎのパンデミックが起きたときには、きっと彼らが中心となって対策活動を担ってくれるのだろう。みんなで長時間にわたって作業を行い議論を交わす日々では、素敵な奇跡が起こることもある。クラスター対策班の関係者で、複数のカップルが誕生したとかしなかったとか……。

ウイルス学者が感染対策？

この節では、クラスター対策班でのエピソードからはちょっと話がそれるけれど、感染症対策とその専門家について書いてみようと思う。

新型コロナウイルス感染症の流行がはじまってから、いろいろな専門家がメディアで発信をしたり政策に関する提言を行ったりして、多くのひとの目に留まるようになった。

マスクをしたほうがよいのか、オリンピックの開催は感染拡大につながらないのか、専門家の間ですら意見が対立しているように見えるものもある。少し名前の知られたウイルス学者が「政府の対策班にウイルス学者が入っていないのはおかしい」と主張したこともあったし、逆に、「ウイルス学者が感染対策に口を出すな」という意見も聞いたことがある。

実際にウイルス感染症の対策を考えるのは、どの専門分野の領域なのだろうか。ウイルス学？　疫学⁇　難しい問題かもしれないが、あえて単純に答えるならいまあげた二つはどちらも違う。感染対策を直接扱うのは、学問上は感染制御学と公衆衛生学という領域なのだ。ざっくり言うと、マスクの着用や手洗いなど個人レベルでの対策を考えるのが感染制御学、クラスター対策だったりワクチン接種を展開する方法だったり、集団や社会レベルでの対策を考えるのが公衆衛生学だ。

そして、この二つの分野を支えてくれるのが先ほど出てきたウイルス学や疫学になる。新型コロナウイルス感染症が流行した際は、感染制御として日本中の至るところに手洗いのためのアルコールが設置された。なぜ、アルコールによる手指消毒が有効だと考えられたのだろう。アルコールによって、新型コロナウイルスの感染力がなくなることがわかっているからだ。このような知見を提供しているのがウイルス学だ。

ほかにも、どの消毒剤が有効なのかや、効果を示すにはどのくらいの濃度や時間が必要なのかといったこともウイルス学的に検討される。

また、「なぜアルコールで消毒できるのか」の答えは、ウイルスを包む膜であるエンベロープが破壊されるから。「どうしてエンベロープがアルコールに対して脆弱《ぜいじゃく》なのか」の答えは、エンベロープが脂質膜という油を含む構造でできていて、それがアルコールに溶けやすいものだから。「どうしてウイルスが脂質膜に覆われているのか」の答えは、人間の細胞自体やその中の構造物も脂質膜で囲まれていて、エンベロープはウイルスが感染した細胞のそのような箇所に由来しているから。「どうして細胞がもっている膜がウイルスに取り込まれているのか」の答えは、ウイルスのタンパク質が細胞のESCRT（エスコート）複合体と呼ばれる仕組みを利用して細胞にある膜成分の形を変えてしまうからだ（ただし、ここで説明した内容はあくまで一例であり、膜成分を取り込む仕組みはウイルスによって異なる）。

このような一連のメカニズムが、長年のウイルス学的な研究の蓄積で明らかになってきている。すごいことだと思う。でも、「ウイルスのタンパク質が細胞のESCRT複合体に働きかける」という知識から、「アルコールによる手洗いが感染予防に有効だ」という実際の対策にうつるのには、間に大きなギャップがある。

視点を変えて、今度はクラスター対策について考えてみよう。換気のよくないところでたくさんのひとが近距離で会話をするような状況、いわゆる3密ではクラスターが発生しやすくなる。そのため、3密を避けましょうということが新型コロナウイルス感染症の流行初期から言われてきた。これは、公衆衛生的な助言だ。

感染症の伝播はうつすひととうつされるひと、ふたりがいれば成立するはずだ。しかしながら、新型コロナウイルス感染症に関してはクラスターが発生しやすい場に対して特に重点的な対策が行われた。これは、発端となる感染者とその周囲のひとたちのその後の感染状況を調べた結果、「ほとんどのひとはだれにも感染をうつさないけれど、一部のひとが多くのひとにうつしている」ということがわかったからだ。このような知見は、疫学と呼ばれる分野から得られる。

その後も、「飲み会に頻繁に参加するひとほど感染リスクが高い」とか、「病院や介護施設でのクラスターは大規模かつ長期化しやすい」といったことが疫学研究によって示されている。ウイルス学に比べると疫学という分野がカバーする概念は少しわかりにくいかもしれないが、一般には「疾患に関する頻度と、それに影響する因子を調べる」学問だとされている。「３密状態では感染伝播のリスクが高い」と見出すのは疫学だが、「感染伝播のリスクを下げるために３密状態を避けましょう」と伝えるのは公衆衛生学になる。あくまで一般論であり、細分化を煽《あお》りたいわけではないけれど。

さて、感染対策の根幹となるのがウイルス学と疫学だけかというと、もちろんそんなことはない。つぎに、ワクチンを考えてみよう。

ウイルスのスパイクタンパク質に対する抗体の存在が、感染そのものや重症化を防ぐのに重要だということがわかっている。ウイルス学と免疫学の知見だ。そのため、スパイクタンパク質だけを事前に体内に投与しておいて免疫を作らせて、きたる感染機会に備えようとワクチンが開発された。ところが、ウイルスのスパイクタンパク質は形がころころと変わってしまい、うまく抗体を誘導できないことがある。科学者たちは、特定の遺伝子変異を人工的に導入することで、この安定化に成功した。遺伝子工学と生化学と構造生物学の成果だ。これを人体に効率的に投与するためにＲＮＡワクチンというプラットフォームを用いることになった。これには、核酸医学とワクチン学が貢献した。ウイルスにはさまざまな変異株が存在している、どのタイプのスパイクタンパク質を使うのがよいだろうか。分子系統学と情報生物学が教えてくれる。どの程度の量を接種したら、どのくらいの効果が認められるのか、それを確認するための治験には何人くらいの被験者が必要なのか。統計学の手法で検討しよう。効果は残念ながら100%ではない。値段の高いワクチンを大量に購入する価値はあるのだろうか。価値があったとして、一斉に全員には接種できないので優先順位を決めなくてはならない。医療経済学や倫理学の出番だ。そして、「さぁ、ワクチンの接種を推奨して展開していきましょう」とするのが公衆衛生学なのだ。

さらに、感染制御や公衆衛生によって実践される対策について、事前に影響を予測したり、事後的に効果を評価したりするといった解析を行う疫学者もいる。このような理由から、国や地方自治体の専門家会議では、感染症診療、感染制御、公衆衛生、そして疫学の専門家が多く集められた。だが、ここまでに説明してきたように、その専門家たちの考えや判断の大本にはウイルス学をはじめとするさまざまな分野の知見が積み重なっているのだ。

そのような会議に出席する専門家には、理想としては広大なフィールドの知識が求められるわけだが、日進月歩である最先端の科学情報にキャッチアップするのはなかなかに大変だ。どうしているのかというと、専門家会議とか分科会とか、一般のかたが報道などで見聞きする会議の前の準備段階でたくさんのひとに関わってもらい議論を交わしている。

ウイルス学者や免疫学者といった基礎生物学の専門家に参加してもらうこともあるし、医療工学や経済学などちょっと毛色が違うけれど関係しそうな領域のひとたち、また、保健所・医療機関・介護施設など現場で働いているかたがたからも積極的に意見を述べてもらっている。

「ウイルス学のプロが専門家会議に入っていないのはおかしい」とか、「現場を知らない疫学者に何がわかるのか」といった意見が聞かれるのは、そのような事情が公開されていない、あるいは公開されていたとしてもきちんと伝えられていないところに問題があるのかもしれない。感染制御や公衆衛生による現場での対策は、いろいろな専門分野の知識や経験を集結し、そしてそれぞれの専門家の意見を参考にして行われている。どの分野も大切で、ないがしろにはできない。

SNSが普及したことに伴い、専門家や一般のかたも自身の意見を表明してたくさんのひとに届けられるようになった。役に立つ情報も多いし、なるほどと考えさせられる批判だったり問題提起もあり、対策に関わっている僕もよく参考にしている。だが、残念ながら、すべてのひとが納得するような対策はおそらくないだろう。

それでも、少しでもより効果的で、なるべく多くのひとが納得できるような感染対策を考え実行するためには、ウイルス学のことも、疫学のことも、ほかのさまざまな科学技術も、そして倫理や文化など社会的な要素も踏まえて議論していく必要がある。科学が進歩して、ひとびとの価値観が変化していく中で、求められる感染制御や公衆衛生の姿も当然変わっていく。

僕は感染症の専門家として、感染対策をしっかりとすることで感染症によって命を落とすひとをひとりでも少なくしたいと思っている。けれども、何らかの事情や強い価値観のもとに、感染対策のできないひと、しないひと、あるいは逆に過度と思われるような対策をするひとたちもいるだろう。そのようなときに、相手を責めることなく互いの選択を尊重できる社会であることも一つの対策なのではないだろうか。

これまでの感染対策によって、日本における新型コロナウイルス感染症の死亡率は比較的低く抑えられたものの、社会経済活動は停滞した。教育を含め、子どもたちの成長にマイナスの影響があった可能性も否めない。願わくは、感染対策と社会活動のどちらかを選ばなければいけないのではなく、それが両立できるような対策のかたち・社会のかたちを考え目指していきたい。それこそが、「今後の感染対策」なのだと思う。

ウイルス学者かつ疫学者という少し変わった経歴をもつ僕がその中の一ピースとして何ができるのか、これからも考えていきたい。

コラム④

メディアでの情報発信
一生ものの自慢と後悔

僕はテレビやラジオに出演して感染症について解説をする仕事もしているのだが、そうやってマスメディアに頻繁に出るようになったりSNSで目立ったりすると、いわゆるアンチがあらわれる。このコラムでは、それについて僕が考えていることを綴《つづ》ってみたい。

アンチに攻撃されたりSNSでの発信が炎上したりするのは、ほかのひとが知らない知識や経験、あるいはほかのひととは異なる意見をもっているからだ。なお、このコラムでは、差別など社会通念上許容されない言動による炎上ではなく、多くのひとが関心を示す事柄について議論を巻き起こすような炎上を扱うものとする。

もし、この本を読んでいるあなたにアンチがあらわれたら、そのひとたちがあなたの意見に同意してくれなかったことを残念に思うかもしれない。けれども、みんなが知っている話をしてみんなに納得してもらっても仕方がないのではないだろうか。アンチがあらわれたということは、情報を届けたいターゲット層のひとびとに自分の発信が届いたわけだから、ポジティブに考えれば「まずは成功した」とも言える。

正しい（とあなたが信じている）ことを発信しても、誹謗中傷を含め、たくさんのアンチコメントが来ることがある。ここでひどく傷つかないようにしよう。インパクトのある発信をすると、それはマスメディアやSNSを通じて莫大な数のひとに届く。僕の感覚では、それを見て、聞いて、あなたにわかるように何らかの反応をするひとは全体の5％ほどで、攻撃的な否定意見を投げつけてくるひとはさらにそのうちの5％ほど、つまり全体からみると1％以下になる。

聞いた話によると、世の中にはから揚げを嫌いなひとが2％もいるらしい。週に2～3回はから揚げを摂取する僕からは信じられないが、どんなに素晴らしい意見や主張であっても万人には受け入れられないことを心に留めておこう。まさか、から揚げを超える人気や説得力が自分にあるわけがない。

アンチコメントを書くひとは、自分の意見が少数派であることを自覚しているのでコメントを返してくる。多数派の意見をもつひとは、それを知らしめる必要がないのであえて反応することはあまりない。逆に考えると、あなたの発信に対して賞賛するようなコメントが溢《あふ》れかえるときは、自身の主張が極端に偏っていないかどうか少し注意してみるのがいいかもしれない。

ひとは自分の考えが他人に支持されると気持ちがいいものだ。あなたの話に対して「とてもよくわかりました」と言ってくるひとのほとんどは、あなたの話に納得したのではなく、そのひとの考えとあなたの話が矛盾しなかったことに安堵《あんど》しているだけだ。一方で、あなたの意見に同調しないひとたちと対話するのはあまり心地よくないかもしれないが、そこには新しい発見があるかもしれない。思いつかなかった視点、自分の主張の限界、あるいはコミュニケーション能力の不足など、さまざまなことに気づかされる。

さて、（あなたの認識では）アンチが明らかに間違っているとき、それを正したくなるかもしれない。ところが、大抵その試みは成功しない。アンチのひとは、多くの場合「あなたの発信を見て、その問題についてはじめて考えてみて、納得できなかった」のではなく、「以前からその問題について考えたことがあり、それについて信念のようなものをすでに得ていて、その信念とあなたの考えが相いれない」からアンチコメントをつけているのだ。

彼らはあなたの発信によってその信念が傷つけられたと感じており、それを守るために反応している。正そうとすることはさらなる攻撃にほかならず、叩けば叩くほど彼らは固くなっていく。

では、癪《しゃく》にさわるコメントをもらったあなたは黙っているほうがよいのだろうか。それも一つの選択肢だが、少し別の考え方もある。あなたとアンチとのやり取りを、「その問題についての意見が定まっておらず思案中のひとたち」もきっと見ている。アンチは固くなるだけだとしても、そのようなかたがたにやり取りをみてもらって、そこから考える機会を提供できると思えば、場合によってはアンチと応酬する価値はあるのかもしれない。

ここまでアンチへの対峙の仕方を書いてきたが、翻って自身はどうだろう。自分の主張に意固地になってはいないだろうか。「ワクチンは効果がない、自閉症を引き起こす」と固く信じているひとたちがいる。現在の科学において、その主張を支持するエビデンスはほとんどなく、逆に「ワクチン接種と自閉症には関連がない」とする強固なエビデンスがたくさんある。僕も「ワクチンは自閉症を引き起こさない。そのほかのリスクを統合してもベネフィットのほうが圧倒的に上まわってい る」と考えている。

だが、科学の世界は日進月歩だ。逆にどのようなエビデンスがあれば、僕はワクチン接種を是とする主張を見つめ直すのだろう。もし「どんなエビデンスが出てきても自分の考えは揺るがない」と思ってしまったら、それはとんでもない主張を唱えている彼らと変わらないかもしれない。

僕はメディアに登場するようになって多くのかたに名前や顔を知っていただいた結果、アンチに絡まれる以外にも難しい局面やつらい場面に出くわすことが増えた。日々の研究・教育・臨床業務の合間に、取材に対応する時間を作るのはときに苦労を伴う。お断りすることも多く、申し訳ない。偏向的な番組では、僕に発言させたい内容を引き出そうと誘導してくることがある。「○○から賄賂をもらっているに違いない」「調子にのっている」「無能」などの誹謗中傷が日に数件は届く。

同時に、ひとから羨ましがられるようなこともたくさん経験してきた。ファンレターを数か月に1通くらいもらう。テレビに出演すると、さまざまな有名人とお会いしたり話したりする機会にも恵まれる。

僕は2021年ごろまで50㎝を超える長髪だったのだが、ある日バッサリと切って短くした。たまたまその直後にあるテレビ番組の収録があり、一緒に出演した芸人のかたから「先生、文明開化っすか？」と突っ込まれたのは一生ものの自慢だ。でもそのとき、本心では「違うでござる」などと返したかったのだが、感染症の専門家である僕に「求められている像」はそれではないなとヘラヘラ笑って流してしまったのは、一生ものの後悔だ。

揺れる専門家

繰り返しになるが、この新型コロナウイルス感染症パンデミックにおいて、日本の死亡率は諸外国に比べて非常に低かった。これは第一に、日本に住むひとびとの努力によるところが大きい。自分を守るため、さらには他人を守るために、多くのひとがマスクを着用し、手を洗い、ときにはひとと会ったり出かけたりするのを控え、ワクチンを接種した。

第二に、医療従事者や保健所のかたがたが懸命に立ち向かってくれた。流行の初期時には「新型コロナウイルス感染症を診療する病院に勤めている」というだけで子どもが幼稚園に通えなくなるなど理不尽なことも起こった。病原性が不明でワクチンのなかった当時、医療従事者は神経がすり減るほどの緊張感で防護服の着脱をして救急外来で溢れかえる患者の診療にあたってくれた。保健所のひとたちも、毎日深夜まで感染者の情報を収集して整理し、それをもとに入院調整を行うためにあちこちに頭を下げ、そして自宅で療養している患者がひと知れず亡くなることがないように綿密なフォローを行った。

政府の対応も満点ではないかもしれないが、たくさんの難しい局面を乗り越えてきた。対策や補償のための補助金を支出し、必要なときには緊急事態宣言やまん延防止等重点措置を発出し、ワクチンを迅速に確保して展開した。

そして、ありがたいことに、分科会・専門家会議・アドバイザリーボード・クラスター対策班など、政府の近くで対策に携わった専門家たちのおかげだよと言ってくれるひともいる。

でも、僕らだって聖人君子ではないし、チームとして誇れるほど一枚岩だったわけでもない。国内での流行がはじまったとき、「この流行を数か月で終息させる」「１年もあれば、感染が拡大しきって集団レベルでの免疫がつくだろう」「２～３年は混乱が続くのでは」など専門家の間でも意見がわかれていた。特にデータがあるわけではないものの、僕は経験と直感から「冬を３回越すくらいはかかるだろうな」と思っていた。僕の記憶では「数か月で終息させる」と発言していた専門家が、「私ははじめから終息させることを目指していなかった。ロックダウンといった厳しい社会制限を提言しなかったのは共存を見据えていたからだ」とあとになって主張しているのを見ると少しガッカリする。

前に少し触れたが、ＰＣＲ検査の数が諸外国に比べて少なかったことに関して専門家が批判の的になった。ある研究によると、ＰＣＲ検査の感度や新型コロナウイルス感染症の性質を鑑みると、「全員が週に2回の検査を定期的に受ける」といった非現実的なレベルでＰＣＲ検査が行われない限り、検査によって流行を制御するのは難しいだろうことが理論的に示されている。僕ら専門家の多くは、ＰＣＲ検査がもっとできるようになったところで流行状況は変わらないだろうと考えていた。

とはいえ、「発表される陽性者の数以上に感染者がいるかもしれない」という状況が不安なのは理解できる。僕としては、「対策として有効でなくても、国民の不安を減らすことができるのならＰＣＲ検査をもっと拡大してもいいのでは」と考えていた。一方で、ほかの専門家たちは別の心配を抱いていた。「発熱をして検査を受けたいと思っているひとたちの中には、真の感染者もいるだろうし、そうでないひともいるだろう。彼らが検査所に殺到してしまうと、そこでクラスターが発生してしまう可能性が高い」と考えていたようだ。

このような議論がある中で、結果としては第1波と呼ばれる２０２０年3～5月の間に検査体制はあまり拡充されなかった。このＰＣＲ議論は、非専門家までもが自説や主張を述べるほどに盛り上がった。政治家がＰＣＲ検査の拡充を訴えたり、芸能人がテレビで「外国では日本の何十倍もの検査をしているんです、なぜ日本でそれをしないのか」と発言したりするたびに、僕よりもずっと偉い立場にいた専門家が官僚から説明を求められていた。僕はその様子を、「官僚のひとたちは朝のワイドショーでどんな発言があったかなんてことまで気にして仕事しているのか。大変だな」などと呑気《のんき》に横から眺めていた。

「希望者がだれでも検査を受けられる体制にすることはクラスター発生につながる」と主張していた専門家は、次第に「私は検査を広く行わないように勧めたことは一度もない」と言い出し、気づいたころには「検査体制を拡充すべきだとはじめから働きかけていた」となっていた。もちろん当初はどうなるかだれにもわかっていなかったのだから、「日本での流行は数か月で終息させられる」も「検査体制の拡大がクラスター発生につながる」も、一つのまっとうな意見だ。状況に応じて途中で意見が変わるのが科学者として不誠実だとも思わない。ただ、過去のご自身が何を考えどう発言したのか、事実を捻《ね》じ曲げないでほしいなとは思う。

大事なこととして、施策を決めたのはあくまで政治行政であって専門家ではない。にもかかわらず、政府に請われて助言をした研究者たちが多くの批判の矢面に立たされることになったのは対策班の有りようとして適切ではなく、つぎのパンデミックに向けて改善していかなければならない点だろう。

専門家のウラ

アメリカでRNAワクチンの治験がはじまったとき、専門家会議やクラスター対策班にいた専門家ですら、ニュースを見て「RNAワクチンって何?」と聞いてきたひとが多かったのには驚いた。確かに実用化されたのは新型コロナウイルス感染症がはじめてのケースとなったが、パンデミックに備えてずっと前から研究は進められていたのに……。

ちなみにこのRNAワクチン、聞いた話によると、アメリカではウイルスのゲノム情報が公開されてからたったの10日で試作品が完成したらしい。2020年1月中旬のことだ。このとき、日本では感染の第1例目がすでに報告されていたが、アメリカではただの１例も見つかっていなかった。そもそもひとからひとにうつるものかどうかも確定しておらず、もちろんＷＨＯがパンデミックを宣言するよりもずっと前の段階だ。その後、日本企業も国産ワクチンの開発に乗り出したが、そのほとんどで治験がはじまったのは２０２１年になってからだった。

感染症に対して備える、ということへの意識が全然違うのだろう。ワクチン開発だけでなく、感染症の診療体制・病院や介護施設での感染対策・データの収集とマネジメント・疫学統計や数理モデルの解析・リスクコミュニケーションなど、日本はパンデミックに対抗するためのあらゆる面で資源も人材も不足していた。

たとえば感染症数理モデルを扱えるひとの数は、日本だと国全体で数十人程度。イギリスならひとつの研究機関だけで１００人以上いる。日本の接触者調査は感染者への聞き取りで行われたが、韓国では防犯カメラやクレジットカードの使用歴といったデータを用いて徹底的に行われた。個人情報の問題もあって、一概にいいとは言えないかもしれないが。国の公的機関で疫学調査や解析を担当する人員は、日本には20人くらい。アメリカだと２０００人はいるらしい。世界中のいろいろな国が電子カルテのデータを活用することで「どのようなひとが重症化しやすいのか」や「どの薬剤が有効なのか」についてつぎつぎと目覚ましい研究成果をあげる中、日本では電子カルテのデータを匿名化して共有し研究するというプラットフォームがまったく整備されていなかった。

リスクコミュニケーションに関して言うと、僕はWHOやCDC（アメリカ疾病予防管理センター）でコミュニケーションについてトレーニングを受けたことがある。どんな内容についてどんな言葉で話すのがよいのかといったことはもちろん、話すスピード、目線、さらにはメガネをかけるべきかどうかやネクタイの色といったことについてまでノウハウがあった。もちろん後半部分は些細なことだけれど、日本の専門家でこういったことを知っているひとは少ないし、そもそも「どんなメッセージをどのタイミングでだれに届けるのか」の議論には、感染症や公衆衛生の専門家だけでなく、リスクコミュニケーション学のプロにも関わってもらうべきだろう。日本のクラスター対策班や専門家会議にも2〜3人いたことはいたが、アフリカで感染症アウトブレイクの対策活動をしたときには「疫学班」や「診療班」と同じくらいの規模で「リスクコミュニケーション班」があった。

まぁ、専門家がたくさんいて素晴らしい研究成果がつぎつぎに出て彼らがコミュニケーションに長《た》けていれば大丈夫、というものでもない。実際に、日本のほうがほかの国に比べてかなり少ない被害でこのパンデミックを乗り越えてきているのだから。

そして、日本にわずかにいた専門家たちだって、国レベルや世界レベルで対策を考えて働きかけられるような経験や能力が十分にあったとは言い難い。クラスター対策班にいたある専門家はＳＮＳが大好きで、根拠不明のニュースを見つけては「あのウイルス、研究所で人為的に作られたものらしいぞ」「５Ｇが飛んでいると感染がひろがりやすいらしい。日本は大丈夫かな」などと発言していた。なお、この専門家はウイルス学や感染症学ではなく医療政策や国際保健学を専門としており、僕やほかの専門家から説明をして、そのような考えを支持する科学的エビデンスはほとんどないことを理解いただいた。ほかにも、「数理モデルなんてわけのわからんものを、私は参考にしない」と明言するひとも専門家会議にはいた。

新型コロナウイルス感染症の検査は主にＰＣＲ法というウイルスの遺伝子を検出する方法で行われているわけだが、この検査をさらに発展させることでウイルスのゲノム情報を解析することもできる。ゲノム解析を行うと変異株の種類がわかるし、さらにほかにも公衆衛生的に役立つ情報が得られる。病原性や伝播力の変化するような変異が生じていないかどうかをモニターするという意味でも重要だし、また、ゲノムデータを比較することでウイルスがどこからやって来たのか伝播経路を考察することができる。ただし、ゲノム解析にはPCR検査の数十倍の時間とコストと技術を要する。日本国内でゲノム解析を実施できる施設は流行の当初は限られていたが、それでもそのころの日本の新型コロナウイルスのゲノム解析は集められた検体の10％以上に対して行われており、世界的に見てもかなり高い水準だった。ところが、そのデータが公開されるまでには1か月以上の時間がかかっていた。早い国だと、検体が得られてからウイルスのゲノムデータが公開されるまでの日数は1週間前後だ。日本のそれは、多くの途上国と同程度か、下手をするとそれ以上に遅かった。

僕はゲノム解析の担当者でもなんでもないのだが、なぜかWHOとの電話会議でこの状況を弁明することになった。「日本ではゲノム解析を行っているところが少ないので、数を捌けないいんですよ」とか「ウイルスの検体を集める組織とゲノム解析をする組織が別なので、公開するための許可を取る事務手続きが煩雑で時間がかかるんですよ」とか、汗をかきながら言い訳をした。

さて、実際はどうだったのか。結論から言うとよくわからないのだけれど、まずは事実だけを書くと、たとえばあのクルーズ船のクラスターは2020年2月に発生したが、データの公開が3月下旬で、関連する論文が4月上旬に投稿された。日本で第1波を起こしたウイルスの検体は2020年3〜4月に採取され、7月にゲノムのデータが公開され、8月に関連論文が投稿された。ここからは妄想だが、もし論文化するためにデータの公開がどこかで差し止められていたとしたら、改善の余地は大いにあったと考えられる。もちろん、本当にゲノム解析をするのに3か月かかっていたのかもしれないし、データ公開のための調整が大変だったのかもしれないが、ほかの国の何倍もの時間がかかっているので、それはそれで問題だ。

たくさん他人の悪口を書いてきたので、ここからは僕のダメ人間っぷりを披露しよう。僕は数理モデルの専門家のように扱われることがたびたびあったけれど、あれは全部はったりだ。実を言うと付け焼刃の勉強をしただけの知識しかもっておらず、実際にプログラミングのコードを書いて数理モデルの解析を行った経験は、新型コロナウイルス感染症の流行前にはほとんどなかった。

また、データ入力をボランティアのひとたちに手伝ってもらった話をしたが、その具体的な作業の指示や割り振りも僕は担当していた。割り振られるあまりにも大変な仕事量に僕の指示のわかりにくさも相まって、彼らから不満が噴出したこともある。たくさんのひとが集まると人間関係がごちゃごちゃしてきて、「このひとは仕事をしていない」とか「あのひとは贔屓《ひいき》されている」といった不平の訴えも聞こえてくる。そんなとき、僕は聞こえない振りをしながら、自分は矢面に立たずに人間関係の調整がずっとうまいほかの専門家たちに対応をお願いしていた。

「対策のための解析と論文発表のジレンマ」に関しても、僕は結構ずるい人間だった。クラスター対策班に参加したときには、自分は研究をするためではなくサポートをするためにここに来たのだと自身に言い聞かせてはいたが、エボラウイルス病対策でアフリカに行ったときと同じように、対策活動の一環として行った解析の結果を論文にできないかとちらちら様子を窺《うかが》っていた。そしてついに「日本の対策がデータにもとづいて行われていることを論文として発表して世界にアピールしてほしい」と依頼が来たときには、自分の名前でたくさんの論文を発表した。自慢だけれど、たぶん僕は2020年に日本で一番多くの新型コロナウイルス関連の論文を書いた研究者だと思う。さらに実を言うと、書いたのに諸事情で世に出せなかった論文もかなりある。もちろん、「政府にとって不都合なデータだったので隠匿された」みたいなことがあったわけではないので安心してほしい。共著者の間で折り合いがつかなかったとか、書いている間に流行の状況が変化してしまいタイミングを逃してしまったとか、そんな理由だ。

いずれにせよ、多くの論文を発表できたおかげで賞を取ったりメディアの取材を受けたりすることになり、たくさんのひとに名前を知ってもらった。結果的には、「このパンデミックを利用した」と思われても仕方がないだろう。もっとも、少しずつ混乱の落ち着いてきた２０２１年以降は、日本中のウイルス学者や疫学者たちが本腰を入れて新型コロナウイルスの研究に取り組み素晴らしい成果を次々にあげていったので、僕の業績なんてすぐにかすんでしまった。

コラム⑤

感染症数理モデルとは

公衆衛生の奥深さ

新型コロナウイルス感染症のパンデミックでは、数理モデルによる予測がたびたび話題になった。僕自身も、公衆衛生の観点から数理モデルを用いた流行予測を政府のアドバイザリーボードや分科会などに対して折に触れ提出していて、それを発表するたびに「どうせ当たらない、外れる」といった批判を受けてきた。

実はそのとおりで、僕の予測は当たらない。しかし、そのような批判はまったく気にならない。それは僕が鈍感だったり傲慢だったりするからではなく、予測によって未来を当てようとしていないからだ。当たらない予測とは何だろう、その目的は何なのか。このコラムでは、数学的なトピックには触れずに、感染症流行予測の数理モデルについて紹介しよう。

ＳＩＲモデル

感染症数理モデルは、ＳＩＲモデルと呼ばれるものを基礎に発展させたものが多い。ＳＩＲモデルは、イギリスの研究者が１９２０年代に発表した理論にもとづいており、感染をまだ経験していないひと（Susceptible）・感染していて感染力のあるひと（Infectious）・回復あるいは死亡して感染力を失ったひと（Removed/Recovered）の三つの群に人口を分け、ひとびとを群から群へと移動させることで流行状況を模倣する考え方だ。

この群間のひとの遷移は微分方程式であらわされるので少しハードルが高く感じられるが、感染伝播をあらわす式は、「感染をまだ経験していないひとが、感染力のあるひとと感染が伝播するような接触をしたときに、あらたな感染者となる」という状況を数学的に記述したものだ。発展型として、ワクチン接種の効果をモデルに組み込んだり、さらにワクチンを接種したひとやすでに感染したひとの免疫が次第に減弱して再び感染できる状態に戻ることを加味したモデルにすることもできる。

「SIRモデルが正しいことを証明しろ」という意見をもらうことがあるが、SIRモデルを否定するということは「あらたな感染者が現在いる感染者とは無関係に発生する」ことを意味しており、少なくとも新型コロナウイルス感染症に関しては荒唐無稽な考え方だろう。一方で、体のなかにもともといる細菌が原因となる誤嚥《ごえん》性肺炎や環境からの感染が原因である食中毒などでは、感染症ではあるもののひとからひとに病気が伝播するわけではないので、SIRモデルが当てはまらないこともある。

SIRモデルの数式の中には、いくつかの数学的な係数や項が含まれている。それぞれ実際の状況から導くことができるもので、たとえば「ある時点での感染者数」「感染者が感染力を保持する日数」「感染が成立するようなひとびとの接触頻度」といった情報がSIRモデルに組み込まれている。これらの項目は、パラメータと呼ばれる。そして、微分方程式であらわされるSIRモデルの仕組みに対してこれらのパラメータを代入すると、その後の感染者数の推移がモデルから計算され出力される。

このＳＩＲモデルは逆向きにも用いることができる。具体的には、過去から現在までの感染者数の推移をＳＩＲモデルに当てはめることで、その状況が発生するためのパラメータ、つまり「感染者が感染力を保持する日数」や「感染が成立するようなひとびとの接触頻度」などを求めることができる。これらがわかると、感染症の性質を理解するのにとても役立つのだ。

予測の目的１：予報によって未来を当てる

ＳＩＲモデルに対して正しい未来のパラメータを入力することができれば、「当たる予測」となる。しかしながら、未来のパラメータを入力するというのは非常に難しい。

たとえば新型コロナウイルス感染症で考えてみると、「感染者が感染力を保持する日数」はデルタ株やオミクロン株といったウイルス変異株の特性によっても変わってくる。「ひとびとの接触頻度」はさらに複雑だ。感染者に症状があれば療養のためにひとと会う頻度は減るだろうし、感染者が無症状で検査を受けていなければ非感染者と同じような行動を取るだろう。さらに、一般のひとびとの行動も緊急事態宣言といった社会的制限の有無や、天候、曜日などさまざまな要因が影響して変化していく。

これらを考慮したうえで「感染力を保持する日数」や「ひとびとの接触頻度」が今後どう変化していくのかが正確にわかれば、SIRモデルの予測結果は当たるものになる。かなり難しそうな課題だが、近年はAIを用いることである程度の精度で成功している。このような予測は当てることを目的としており、「予報」とも言い換えられるかもしれない。

一方で、僕は数理モデルを用いた予測を行っているが、当てることを目的としていない。僕は「実際に訪れる未来の予報のため」ではなく、「現状や選択肢を評価するため」に数理モデルを用いた流行予測を行っている。

予測の目的2：プロジェクションによって現状を評価する

先ほど、過去から現在までの感染者数のデータから逆算してパラメータを求められることを述べた。得られたパラメータをそのまま数理モデルに代入して、未来に向かって計算を回すことを「プロジェクション」と呼ぶ。

実際のデータを使って逆算によって得られたパラメータは、現実に即したものである。

ところが、それを使って未来へと計算を進めることは、必ずと言ってよいほど現実的ではない。なぜなら、今日の「ひとびとの接触頻度」と10日後のそれが同一であるとは考え難いからだ。先ほど説明したように、それは天候や曜日などさまざまな要因によって変動するはずだ。であるにもかかわらず、「プロジェクション」は現在までのパラメータをそのまま未来に対して用いる。そこから算出される未来は訪れないが、予測された感染者数は現状を評価するのに役立つ。

いまの感染者数は比較的少ないかもしれない、でも、10日前はもっと少なかった。「このままだと1か月後にはこうなりますよ」と示すのがプロジェクションだ。「このまま」というのが非現実的なのはわかったうえで、1か月後の予測を示す。「このまま」を許容できるのか、大きく変えたほうがいいのか、プロジェクションの結果は現状について評価するための「仮の未来」だと言える。許容できない未来とは、たとえば死亡者数が甚大だとか、1日あたりの新規感染者数が多すぎるために医療の提供体制が逼迫《ひっぱく》するだろうという状況だ。

予測の目的3：シナリオ分析によって選択肢を比較する

「このまま」で示された仮の未来が許容できないものだったとき、僕たちは行動を変える必要がある。それは、政府が緊急事態宣言を出すことかもしれないし、感染機会を下げようと市民が自主的にひととの接触を控えることかもしれない。あるいはひょっとしたら、ものすごい数の感染者を受け入れられるように医療体制を拡充することかもしれない。

その選択は政治が行うべきものであって、僕のような専門家が決定することではないけれど、選択肢の提示や評価を求められることが往々にしてある。そこで、僕たちは数理モデルを用いて「シナリオ分析」を行う。

「このまま」が続くとするプロジェクションは、「現状を変えない」という選択をした一つのシナリオだ。ほかにも、「明日から接触頻度が20％減るような施策をする」「2週間後から接触頻度を50％減らす」「学級閉鎖を行う」「重症化リスクの高い高齢者に外出を控えてもらう」といった選択肢があるかもしれない。それぞれの状況をパラメータ値の変化として数学的に記述し、SIRモデルに代入して未来の感染者数を予測することで、シミュレーションによるシナリオ分析となる。

早いタイミングで強い対策を行うほうが効果的なのは当たり前だが、それが「どの程度なのか」を数理モデルは示すことができる。「明日から接触頻度が20％減るような施策をする」のと「2週間後から接触頻度を50％減らす」のとで、1か月後の感染者数はどちらのほうが少なくなるのか、直感的にはわからない。そこで、それぞれの選択肢における「仮の未来の感染者数」を数理モデルによって示すことで、意思決定の一助にすることができるのだ。

ただし、感染者数はあくまで数ある評価指標の一つであり、ほかにもたとえば予想される経済的なダメージなどを勘案したうえで、政治や市民が望ましいと思うシナリオを選択していく必要がある。

もちろん、「明日から接触頻度が20％減るような施策をする」が選択されたとしても狙いどおりぴったり20％減ることなどありえないから、この予測も当たらない。それでも、数字を用いて客観的に選択肢を比較することが重要なのだと僕は思う。

シナリオ分析はいろいろなパターンを提示するものなので、複数の予測を同時に出すことになる。そういったシナリオ分析を提示すると、政治や行政、そしてメディアからは「どのパターンの確率が一番高いんですか？」という質問が大抵出てくる。

それを決めるのが、あなたたちなのだ。

未来は決定されているものではなく、これから作り上げていくものだ。それなのに、シナリオ分析という「当てない」予測であっても、天気予報のようなもの、あるいは占いのように捉えられているのだろうなと思うとがっかりするが、きちんと伝えられていないこちらにもまだまだ努力を要するところが大きいのだろう。

数理モデルを用いて当たる予測、つまり「予報」をすることは科学的にも興味深いテーマであり、まさに発展途上の分野だ。

ただ、公衆衛生の現場において「当たること」は実はそこまで重要ではない。未来がわかっている、あるいはすでに決まっているときにできることは「備え」だけだ。未来を変えるためにいまできることのほうがずっと多く、それはきっとより建設的だと思う。

プロジェクションによる現状評価やシミュレーションによるシナリオ分析によって、数理モデルは「訪れない未来」を客観的に予測する。一方で、それを前にして、ひとびとがどのように考えどのような行動を取るのかは主観的になされるし、正解のない中で多様な議論が生じるところに、公衆衛生の奥深さがある。

「専門家に相談しました」

新型コロナウイルス感染症のパンデミックが世界中で猛威を振るう中、２０２０年の夏に開催される予定だった東京オリンピック・パラリンピックは延期されることになった。２０２１年からはワクチン接種もはじまり、「人類が新型コロナウイルスに打ち勝った証し」としてオリンピックを開催しようという機運が高まったが、そのころにはデルタ株と呼ばれる新型コロナウイルスの変異株が出現した。従来のタイプに比べて病原性が高くワクチンの効きも若干悪そうなこの変異株が、４月になると日本にも入ってきた。

そんな状況の中で、政府からいくつかの研究グループに対して「これからの流行状況を予測してください」という依頼が出され、僕もそのうちの一つのグループに協力することになった。その際、デルタ株の感染力やそれに対するワクチンの効果、そして社会的制限が解除されたあとに活発になるであろうひとびとの動きに関して、「想定として、このくらいの数値を用いてください」というオーダーが入った。オーダーされた想定シナリオは、荒唐無稽とまでは言わないが、根拠の薄いものだと僕たちは感じた。そこで、僕たちのチームは示されたものとは少し異なる想定のもとに予測を行うことにした。

政府から示された想定をほぼそのまま用いて予測を行ったグループもあり、その結果をもとに「今年の夏までに感染者数はそこまで増加しないし、オリンピック開催に伴う影響も大きくないと○○が予測」といった報道がなされた。コラム⑤で触れた通り、特定の想定にもとづいて予測を行う「シナリオ分析」と、実際に訪れるであろう未来を予測する「予報」は似て非なるものなのだが、この報道は両者を混同したものだった。メディアや一般市民が誤解することをだれかが狙っていたような気もするが、まぁきっと気のせいだろう。

僕たちのグループは、デルタ株に置き換わる速度やひとびとの自粛疲れのような状況による接触頻度の上昇を考慮にいれたシミュレーションを行い、2021年の夏は危機的な状況になりかねないため強い対策が必要になるだろうと発表した。さらに、対策分科会の会長であった尾身先生を中心として、感染症公衆衛生の観点からはオリンピックを通常どおりに行うことに諸手《もろて》を挙げては賛成できない旨を有志の提言として取りまとめた。

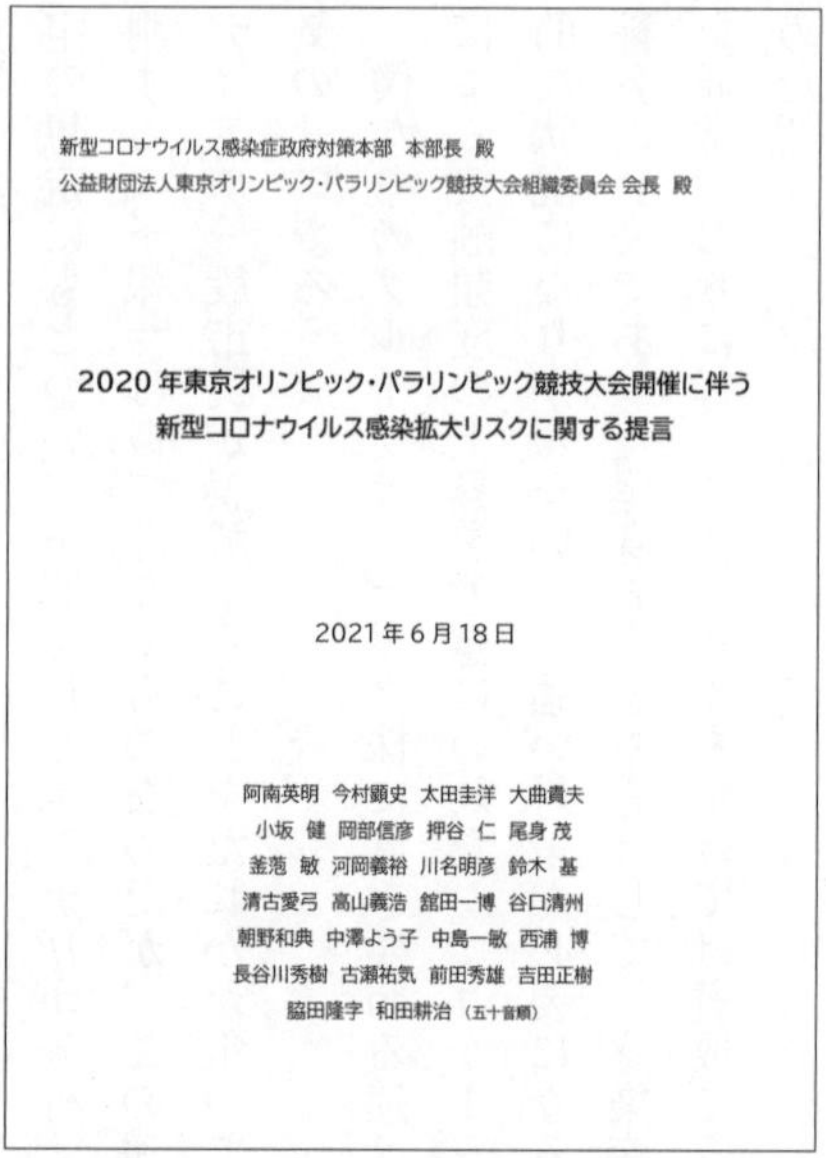
新型コロナウイルス感染症政府対策本部 本部長 殿
公益財団法人東京オリンピック・パラリンピック競技大会組織委員会 会長 殿

2020年東京オリンピック・パラリンピック競技大会開催に伴う
新型コロナウイルス感染拡大リスクに関する提言

2021年6月18日

阿南英明 今村顕史 太田圭洋 大曲貴夫
小坂 健 岡部信彦 押谷 仁 尾身 茂
釜萢 敏 河岡義裕 川名明彦 鈴木 基
清古愛弓 高山義浩 舘田一博 谷口清州
朝野和典 中澤よう子 中島一敏 西浦 博
長谷川秀樹 古瀬祐気 前田秀雄 吉田正樹
脇田隆字 和田耕治 （五十音順）

オリンピック開催のリスクについて提起する専門家有志の文書（表紙）。デルタ株の流行や一部のひとたちの間でのワクチン忌避運動などもあり、専門家が一番焦った時期だったように思う

もちろん僕らだってオリンピックを楽しみにしていたし、アスリートのかたがたが積み重ねてきた努力も理解できる。そして、彼らが子どもたちに与える夢や希望の素晴らしさもわかっているつもりだ。政府にとっても難しい判断だったのだと思う。最終的には、緊急事態宣言下で、そして無観客という形でオリンピックは行われた。第5波と呼ばれる同時期の流行では、医療の提供体制が逼迫し、入院治療を受けられず自宅で亡くなるかたもいた。オリンピックが直接の原因だとは思わないが、歓喜と悲壮のニュースが交互に流れる光景に、僕は何を思えばいいのかよくわからなかった。

医療逼迫について触れたが、２０２１年の秋ごろからは、感染者の数よりも医療の逼迫状況に応じた対策強度の上げ下げを行うべきだと多くのひとが考えるようになっていった。ワクチンの接種率が上がるにつれて、重症化する割合がぐんと低くなったためだ。そこで僕は尾身先生から依頼を受けて、新規感染者の数と増加傾向、そしてワクチンの接種状況などのデータを入力すると、２週間後に必要となる入院病床数を計算するツールを開発した。尾身先生は気に入ってくれて「これをつぎの冬の備えに使いましょう」と言ってくれたが、何の責任も取れない若手研究者が作ったものを公的な行政通知とするのも憚《はばか》られた。そこで、これから訪れるであろう流行の波に備えて必要な病床数を計算する方法を行政側でも考えることになった。

さて、それができあがったとき、僕は公表前のチェックを依頼された。一見よくできていてわかりやすいのだが、細かく見てみると単純すぎるモデル、根拠のない仮定、そして誤った用語の使い方など気になるところもいくつかあった。それらの点を指摘したのだが、数日後には何の修正もされないまま通知が出され、「内容は専門家に確認いただいています」と説明がなされた。

またそれからしばらくたった別のときには、「これからオミクロン株というのが国外から流入してきて感染拡大が起こる。流行の中心はおそらく小児になるだろう」という資料を公的な会議の場に提出しようとしたら、「小児へのワクチン接種が進んでいないことに対する批判と捉えられるのでやめてください」と却下されたこともあった。

新型コロナウイルス感染症の流行中は、感染者や濃厚接触者に対して隔離期間が設けられ、その間は療養施設に入ってもらったり自宅で待機してもらったりするなどの措置が取られた。オミクロン株による爆発的な感染拡大が起こると、この隔離期間のせいで業務に支障が出てくるところがあちこちで生じた。社会経済をまわすためにこの期間を短縮することになったが、オミクロン株が主流になったからといって感染者からのウイルス排出期間が短くなるというエビデンスはたいしてなかった。ところが、実際に隔離期間が短縮された際には、「専門家に相談してそのように決めました」とアナウンスがなされたのだ。おそらくそのような制度変更に賛成する専門家をどこからか探し出してきてそのひとに意見を聞いたのだろうが、少なくとも僕の周りの感染症専門家は知っている限りだれも相談されていない。

そのようなイザコザが起こるたびに、僕は吠《ほ》えて、そして嚙《か》みついていたが、経験豊かなほかの専門家たちから「まぁまぁ」となだめられたり、「古瀬さんは戦闘民族かなんかなの？」とあきれられたりしていた。

ここで紹介した愚痴ともいえるエピソードの数々は、あくまで僕の側から見た一方的なものだ。先方からしたら別の言い分や仕方ない事情もあったのだろう。何より、ひとびとの健康や幸せを第一に考えるべきときに自分本位な言動があったなと、僕自身振り返って反省することもある。

いつの日か屋形船で

ここまでに書いてきたように、クラスター対策班や専門家会議を率いた専門家の中には、誤った情報を鵜呑みにしてしまったり、ＲＮＡワクチンや数理モデルなど新しいものについて理解できなかったりするひとたちがいた。

それは少し残念だったけれど、とはいえ専門家が関連するすべての知識や技術をもつことは不可能に近い。意見も多様なものがあるからこそ、僕たちは専門家「集団」なのだ。全員の考えが同じなら、政治行政にアドバイスを行う専門家はひとりで済んでしまう。異なる意見をもつひとたちが建設的に議論できることに価値があるのではないだろうか。

クラスター対策班や専門家会議で中心的な役割を担った専門家たちは、当時36歳だった僕より20〜30歳ほど年配だったが、親子くらい年の差のある僕に対しても意見を求め、僕の主張に耳を傾けてくれた。そして、僕には到底できないような政治行政との連携や調整を苦労しながらも成し遂げていた。もし僕が将来同じような立場になることがあったとして、同じように動いて役割を果たせるだろうかと考えてしまう。

いまだから言えるが、年配の専門家たちと僕の間だっていさかいが何もなかったわけではない。尾身先生から「ワクチンの効果で3パターン、デルタ株の強さで3パターン、ひとびとの行動の変化で3パターーン。いろいろな状況を想定した予測シミュレーションをしてください」と言われたので、3×3×3＝27パターーンの計算結果をもって行ったところ、「こんなにたくさんあっても判断できないでしょう。二つか三つにしなさい」と突き返されたときは、納得がいかなくてしばらくプリプリしていた。

2022年ごろからは、「いつになったら社会を元に戻せるのか」ということをしきりに尋ねられた。僕は、「元に戻そう、という考え方がおかしい。従来のインフルエンザだけでも毎年のようにたくさんのひとが亡くなっていて大きな医療負荷があるのに、少なくとも同程度、おそらくはそれよりもずっと大変な感染症が人類に定着するのだ。緊急事態宣言を繰り返すような状態からは抜け出せるだろうけれど、この先ずっと、ひとびとが自分で判断してマスクを着用したり、対面とオンラインの会議を使い分けたりしていくことが当たり前になる。それを元に戻す必要なんてない」と意見していた。

もっとも、「社会を元に戻したい」という考えは、上の立場にいた専門家たち自身のものではなく、政治の意図をくみ取ったうえでの発言だったのかもしれないなとは思う。専門家の姿勢や立ち位置、そして振る舞い方に正解はなく、それぞれが葛藤をかかえ、自分なりの答えを模索しながら対策活動にあたっていた。

ちょっと失礼なことを書くけれど、尾身先生が「何でも知っていて理解も早いスーパーマン」でなくてよかった。２０２３年の春ごろまで、僕たちは専門家として現状を評価して出すべき助言や提言を考えるためのミーティングを毎週のように開いていた。そこで尾身先生のような年配の専門家たちが理解できるように何度も何度も説明しているうちに、自分たちの考えの矛盾点に気づいたり、あるいはよりよいアイディアが出てきたりしたことも少なくなかった。

そして尾身先生が最終的に理解し納得してくれた際には、政治家や国民に対して、噛み砕いたわかりやすい言葉で根気強く訴えてくれた。尾身先生は、丁寧にゆっくり、大事なところは何回も繰り返しながら伝えてくれる。簡単なことのようだけれど、実際にあれができるひとはなかなかいない。

新型コロナウイルス感染症の流行中は、多くのひとが被害を少なくしようと考え、行動し、その中でいろいろな苦労を経験してきた。日本で流行がはじまった最初のころ、市中で起こったクラスターとしてメディアに大きく取り上げられたのは、屋形船での宴席を契機とした感染拡大だった。その後に風評被害のようなものがあり、僕たち専門家は関係団体から強く非難された。

驚異的なスピードでワクチンが開発され、有効な治療薬が登場し、そして感染拡大の波が繰り返されてひとびとに免疫が獲得されていく中で、僕たちの生活は少しずつ前へと進んでいっている。いつか、「あのころは大変だったね」と笑って語りあえるときがきたら、尾身先生を中心に屋形船で打ち上げパーティーをしたい。そのときまで、もう少し、僕は「専門家」を頑張ってみようと思う。

おわりに――丸い世界を転がるように

僕は専門家としていろいろな感染症対策に関わってきた。この本では、その経験を赤裸々に書かせてもらったつもりだ。どうだっただろうか。ひょっとしたら「感染症のアウトブレイク対応って、想像よりもずっと地味な仕事なんだな」という感想をもったかもしれない。

そして、苦労話ばかり書いてしまったけれど、僕自身そこは少し大げさだったかなとも思う。

感染症の流行拡大によって、あるいは流行を制御すべく行われた対策のために、一般市民も医療従事者も行政関係者も、それぞれにさまざまな困難や苦悩があった。エボラウイルス病でも新型コロナウイルス感染症でも、大切なひとを亡くしたり、経済的にダメージを負ってしまったりしたかたがたくさんいる。僕の苦労なんて、飲みにいけなくなったとか、海外出張がなくなったとか、研究が予定よりも遅れてしまったとか、ちょっとした不自由だ。飲食店の困窮も医療従事者の忙殺も子どもたちの窮屈さも、十分には感じ取ることができていなかったと思う。「現場を知らないお前がどうして対策に関わっているんだ」と、多くのひとから非難されてきた。

そこで、2022年からは約10年ぶりに臨床の現場に戻り、患者さんの診療にも携わっている。これまでは研究者として実験をして解析をして文章を書いて会議で言い争うことが日課だったのが、いまはチーム医療の一員として患者さんやそのご家族と全人的に向き合う時間をもてている。とても久しぶりで懐かしく、そして新鮮にも感じられる時間だ。高校生のときに進路として医学を選択したのは、本当は「ひとが好きだから」だったのかもしれない。

もちろん、知らなかったことや忘れていたことがたくさんあって周りには迷惑をかけてばかりだが、一緒に働いている医師やほかのスタッフのかたから色眼鏡なく話しかけてもらい、日々いろいろなことを学んでいる。新型コロナウイルス感染症に関しても、患者さんの増減で流行状況の変化を肌で感じることができるし、新型コロナウイルス感染症以外の患者さんとのお話から、流行状況や感染対策が彼らの生活や健康にどう影響しているのかといったことが少しだけれどわかったような気がする。感染症の専門家と名乗ってずっと対策活動に関わっていたのに、真冬の寒空の下で震えながら検体を採取したのも、真夏の蒸し暑い中で全身が覆われた防護服を着て汗だくになりながらひっきりなしにやってくる患者さんの診察をしたのもはじめてだった。

僕は今度こそロックマンになって、この経験をつぎのパンデミックに活かせるだろうか。え？　そもそも、つぎのパンデミックでも僕は対策に携わるのだろうか？

公衆衛生は、報われることの少ない仕事だ。対策によって感染拡大の波を小さくすることができたとしても、流行が完全に終息してゼロにならなければ「効果のない対策だった」と言われ、対策がうまくいって流行が落ち着けば、今度は「必要のない対策だった」と言われる。

「感染症の流行を利用して儲《もう》けやがって」と言われることもあるけれど、とんでもない。僕は厚生労働省やWHOの中で仕事をしてきたわけだが、アドバイスをする「参与」や「コンサルタント」という肩書きだった。給料が出ていたわけではない。クラスター対策班は無給の活動だ。WHOは、「ワンダラー・コントラクト（One dollar contract）」と呼ばれる契約だった。たった1ドルだ。時給でも日給でもない、アフリカに滞在する数か月間のトータルで1ドルだ。さすがに無給でひとを働かせるわけにはいかないらしく、形式的に1ドルの契約を結ぶのだ。クラスター対策班でもWHOのコンサルトでも、日々の宿泊代・食費・交通費に使うためのちょっとした日当は別に出るけれど、金銭的な見返りはほとんどない。

それでも、多くの専門家が感染症の流行している現場へと飛び込んでいく。対策活動ではつらいことがそれなりにある。眠れないほど忙しくて、ストレスが溜まって、海外の途上国に行けば毎回のようにおなかを壊したりもする。「もう二度と行くもんか」といつも思うのに、またどこかで感染症が流行しているというニュースを聞けば、何か自分にできることはないだろうかと考えてしまう。

ナイジェリアでの対策活動中に昔の友人とたまたま再会した。彼は日本にも長く住んでいたので、片言の関西弁で漫才もできる

この仕事をしていて、世界中に友人ができた。日本で一緒に疫学を学んだコートジボワール人の友人とナイジェリアでビールを飲んだ。アメリカの研究所で知り合った中国

人の友人がムラカミ・ハルキの本を貸してくれた。リベリアで同じチームのメンバーだったフランス人の友人が後日に日本まで遊びに来てくれた。

世界は、思っているよりもずっと丸い。僕らはどこにだって行ける。いまこれを読んでいるあなたが、この本を通じて、知らなかった世界に興味をもってくれたら嬉しい。何かを感じ取った結果、新しい世界に飛び出してくれたらもっと嬉しい。世界といっても、外国だけを意味しているわけじゃない。これまでにあまり関わってこなかった土地、ひと、考え方。それらもみんな、新しい世界だ。

僕はいま39歳だ。病気がちな体質なのでひょっとしたら人生の中間地点は過ぎてしまったかもしれないが、それでもまだまだ頑張れる気がする。僕が明日いなくなっても、世界はたぶんそんなに変わらない。でも、僕がいることで世界はきっと変わっていく。少し恥ずかしいけれど、本気でそう思っている。新しい世界を見にいきたい。さぁ、つぎはどこに行こうか。

２０２３年８月

Medical and Social Welfare Facilities. Imamura T, Ko YK, Furuse Y, Imamura T, Jindai K, Miyahara R, Sando E, Yasuda I, Tsuchiya N; Field Epidemiology Training Program, Japan (FETP-J), The National COVID-19 Cluster Response Taskforce; Saito M, Suzuki M, Oshitani H. Jpn J Infect Dis. 2022 May 24;75(3):281-287.

The challenges of containing SARS-CoV-2 via test-trace-and-isolate. Contreras S, Dehning J, Loidolt M, Zierenberg J, Spitzner FP, Urrea-Quintero JH, Mohr SB, Wilczek M, Wibral M, Priesemann V. Nat Commun. 2021 Jan 15;12(1):378.

Haplotype networks of SARS-CoV-2 infections in the *Diamond Princess* cruise ship outbreak. Sekizuka T, Itokawa K, Kageyama T, Saito S, Takayama I, Asanuma H, Nao N, Tanaka R, Hashino M, Takahashi T, Kamiya H, Yamagishi T, Kakimoto K, Suzuki M, Hasegawa H, Wakita T, Kuroda M. Proc Natl Acad Sci U S A. 2020 Aug 18;117(33):20198-20201.

A Genome Epidemiological Study of SARS-CoV-2 Introduction into Japan. Sekizuka T, Itokawa K, Hashino M, Kawano-Sugaya T, Tanaka R, Yatsu K, Ohnishi A, Goto K, Tsukagoshi H, Ehara H, Sadamasu K, Taira M, Shibata S, Nomoto R, Hiroi S, Toho M, Shimada T, Matsui T, Sunagawa T, Kamiya H, Yahata Y, Yamagishi T, Suzuki M, Wakita T, Kuroda M. mSphere. 2020 Nov 11;5(6):e00786-20.

『理論疫学者・西浦博の挑戦　新型コロナからいのちを守れ！』西浦博、川端裕人、中央公論新社、2020年

『FACTFULNESS』ハンス・ロスリング、日経 BP、2019年

「[コロナ禍の２年間] 古瀬先生とウイルス学の情報発信を振り返る」株式会社 tayo

Respiratory viruses from hospitalized children with severe pneumonia in the Philippines. Suzuki A, Lupisan S, Furuse Y, Fuji N, Saito M, Tamaki R, Galang H, Sombrero L, Mondoy M, Aniceto R, Olveda R, Oshitani H. BMC Infect Dis. 2012 Oct 23;12:267.

Search for microRNAs expressed by intracellular bacterial pathogens in infected mammalian cells. Furuse Y, Finethy R, Saka HA, Xet-Mull AM, Sisk DM, Smith KL, Lee S, Coers J, Valdivia RH, Tobin DM, Cullen BR. PLoS One. 2014 Sep 3;9(9):e106434.

Determination of the emergency phase for response against endemic disease outbreak: A case of Lassa fever outbreak in Nigeria. Ipadeola O, Furuse Y, de Gooyer T, Dan-Nwafor C, Namara G, Ilori E, Ihekweazu C. J Glob Health. 2020 Dec;10(2):020353.

Clusters of Coronavirus Disease in Communities, Japan, January-April 2020. Furuse Y, Sando E, Tsuchiya N, Miyahara R, Yasuda I, Ko YK, Saito M, Morimoto K, Imamura T, Shobugawa Y, Nagata S, Jindai K, Imamura T, Sunagawa T, Suzuki M, Nishiura H, Oshitani H. Emerg Infect Dis. 2020 Sep;26(9):2176-9.

Closed environments facilitate secondary transmission of coronavirus disease 2019 (COVID-19). Nishiura H, Oshitani H, Kobayashi T, Saito T, Sunagawa T, Matsui T, Wakita T, MHLW COVID-19 Response Team, Suzuki M. medRxiv 2020.02.28.20029272.

Behavioral factors associated with SARS-CoV-2 infection in Japan. Arashiro T, Arima Y, Muraoka H, Sato A, Oba K, Uehara Y, Arioka H, Yanai H, Yanagisawa N, Nagura Y, Kato Y, Kato H, Ueda A, Ishii K, Ooki T, Oka H, Nishida Y, Stucky A, Miyahara R, Smith C, Hibberd M, Ariyoshi K, Suzuki M. Influenza Other Respir Viruses. 2022 Sep;16(5):952-961.

Epidemiological Factors Associated with COVID-19 Clusters in

参考文献

Genomic surveillance elucidates Ebola virus origin and transmission during the 2014 outbreak. Gire SK, Goba A, Andersen KG, Sealfon RS, Park DJ, Kanneh L, Jalloh S, Momoh M, Fullah M, Dudas G, Wohl S, Moses LM, Yozwiak NL, Winnicki S, Matranga CB, Malboeuf CM, Qu J, Gladden AD, Schaffner SF, Yang X, Jiang PP, Nekoui M, Colubri A, Coomber MR, Fonnie M, Moigboi A, Gbakie M, Kamara FK, Tucker V, Konuwa E, Saffa S, Sellu J, Jalloh AA, Kovoma A, Koninga J, Mustapha I, Kargbo K, Foday M, Yillah M, Kanneh F, Robert W, Massally JL, Chapman SB, Bochicchio J, Murphy C, Nusbaum C, Young S, Birren BW, Grant DS, Scheiffelin JS, Lander ES, Happi C, Gevao SM, Gnirke A, Rambaut A, Garry RF, Khan SH, Sabeti PC. Science. 2014 Sep 12;345(6202):1369-72

What would happen if Santa Claus was sick? His impact on communicable disease transmission. Furuse Y. Med J Aust. 2019 Dec;211(11):523-524.

Analysis of research intensity on infectious disease by disease burden reveals which infectious diseases are neglected by researchers. Furuse Y. Proc Natl Acad Sci U S A. 2019 Jan 8;116(2):478-483.

Global Transmission Dynamics of Measles in the Measles Elimination Era. Furuse Y, Oshitani H. Viruses. 2017 Apr 16;9(4):82.

Measles virus and rinderpest virus divergence dated to the sixth century BCE. Düx A, Lequime S, Patrono LV, Vrancken B, Boral S, Gogarten JF, Hilbig A, Horst D, Merkel K, Prepoint B, Santibanez S, Schlotterbeck J, Suchard MA, Ulrich M, Widulin N, Mankertz A, Leendertz FH, Harper K, Schnalke T, Lemey P, Calvignac-Spencer S. Science. 2020 Jun 19;368(6497):1367-1370.

古瀬祐気　Furuse Yuki

1983年生まれ、医師・医学研究者。国内では千葉県・宮城県・京都府・長崎県など、海外では香港・フィリピン・アメリカ・ナイジェリアなどを転々としつつ、病院で診療をして大学で研究をして行政機関でコンサルトをしてと立場を変えながら感染症の諸問題に取り組んでいる。子どもたちのヒーローであるアンパンマンのようになりたいと思ってこの仕事をしているが、「バイキンマンっぽいですね」とよく言われる。なぜ。共著作に「新型コロナウイルス感染症—課題と展望—」（法研）、「ネオウイルス学」（集英社新書）など。

中公新書ラクレ 808

ウイルス学者《がくしゃ》さん、
うちの国《くに》ヤバいので来《き》てください。

2024年1月10日発行

著者……古瀬祐気《ふるせゆうき》

発行者……安部順一
発行所……中央公論新社
〒100-8152 東京都千代田区大手町 1-7-1
電話……販売 03-5299-1730　編集 03-5299-1870
URL https://www.chuko.co.jp/

本文印刷…三晃印刷　カバー印刷…大熊整美堂　製本…小泉製本

Published by CHUOKORON-SHINSHA, INC.
Printed in Japan ISBN978-4-12-150808-9 C1245